KB116149

환상을 현실로 바꾸는

크루즈
여행의 매력

이 책을 내면서

크루즈 여행이 낯선 한국 여행객에게

내가 맨 처음 크루즈 여행을 한 것은 1985년쯤이었다. Big Red Boat라는 크루즈회사의 크루즈 배를 플로리다주 케이프 커내버럴 (Cape Canaveral, Florida)에서 승선하고 7일 동안 Caribbean을 항행했었다. 디즈니랜드를 처음 구경하는 7살짜리 어린아이처럼 모든 것이 신기하고 흥미진진했다. 나는 그 순간부터 크루즈의 독특한 매력에 빠져버렸다. 지난 40년 동안 크루즈 여행을 즐기면서 세상 구경을 다닌다는 소문이 퍼지면서 지인 몇 분께서 크루즈에 대한 책을 집필하라고 권고했지만, 그때는 별로 생각이 없었다.

어느 순간 갑자기 2년 전 크루즈 여행을 하면서 만났던 인도인 부부가 나에게 했던 질문이 떠올랐다. "지난 10년 동안 우리는 여행을 무척 많이 했습니다. 가는 곳마다 한국 관광객들에게 떠밀려 다닐 정도로 한국인이 많았는데, 왜 크루즈 배를 타면 한국 사람이 눈에 보이질 않습니까? 한국인들은 유전적으로 배를 타는 것에 대한 공포증이 많이 있습니까?"

한국인들이 유전적으로 공포증이 많다니? 황당한 질문이었다. 그렇지만 사실은 인도분의 말씀 일부에 동의한다. 크루즈 여행을 할 때마다 승객 중에 한국 사람이 비교적 적다는 것을 나도 느꼈다. 크루즈에서 만난 대부분의 한국인 승객은 미국과 캐나다에서 온 교민들이며, 한국에서 오신 분들은 극소수다.

나는 어렸을 때부터 여행을 무척 좋아했다. 여행에는 3종류가 있다. 단체관광, 자유여행, 크루즈 여행. 단체관광은 긴 역사를 가지고 있으며, 나도 그간 단체관광을 많이 했다. 가끔은 1년에 단체관광을 3~4번 할 때도 있었다. 다음으로 한국인들이 많이 하는 여행은 자유여행이다. 약 15년 전 에어비앤비(Airbnb)사가 처음 사업을 시작한 이후 자유여행이 훨씬 더 활발해졌다. 그래서 아직 한국인들은 크루즈 여행에 익숙하지 않은 것 같다. 인도분의 질문에 자극받아 한국 여행객들에게 크루즈 여행에 대하여 알고 있는 것을 함께 공유하고 싶은 마음에서 이 책의 집필을 결정했다.

한국에도 여수, 부산, 동해를 지나 일본(후쿠시마), 러시아를 항행하는 2박3일 정도의 짧은 크루즈가 있다. "크루즈"라고 부르긴하지만, 작은 여객선이라 부르는 것이 더 적절할 것 같다. 선박의 크기, 규모, 내부 시설, 크루즈 일정, 크루즈 항행 중 갖가지 entertainment의 수준이나 기획, 전반적인 크루즈 분위기 면에서는 이 책에서 소개하는 크루즈와는 비교하기가 어렵다.

우리 한국의 항만(port)은 4,000~5,000명 이상의 승객을 수용하는 거대한 크루즈 배가 접근할 수 있는 시설이 부족하다. 가끔은 일본(요코하마, 오사카)을 항행하는 Princess 크루즈가 부산을 기항지로 포함하지만, 부산항만도 시설 면에서 접근을 할 수가 없기 때문에 멀리 바다 위에 정박하고 승객들은 tender boat(shuttle boat)로 30~40분 동안 이동해서 부산항에 도착하게 된다.

크루즈 여행은 망망대해 바다를 항행하는 여행이기 때문에 육지 여행과는 다른 면이 많다. 맛과 느낌이 완전히 다르다. 커피와 녹차처럼 맛이 다르다. 크루즈의 경험이 없는 독자들이나 경험이 충분치 못한 독자들을 위해서 크루즈 여행의 이모저모를 자세히 서술했다. 요즘의 초대형 크루즈 선박은 승객과 종업원을 합해서 10,000명 이상이 승선할 수 있으며, 길이가 성인 축구장 3.5배 정도이고, 웬만한 대형 크루즈 선박은 6,000~7,000명이 승선할 수가 있다. 인구 6,000~10,000명의 조그마한 도시가 바다 위를 떠다닌다고 생각하면 된다.

크루즈 선박의 구조에서부터 예약, 객실선택, 승선 check-in 절차, 크루즈에서 사용되는 전문 용어들, Cabin steward와의 관계, 크루즈에서의 팁 문화, 식당 예약, 크루즈 App, 크루즈 배의 시설, 각종 행사와 entertainment, 기항지 관광, 관광지 신변안전, 크루즈를 즐기는 방법, 크루즈에서 필요한 물품, 품위와 교양을 갖춘 환영받는 승객, budget cruise vs luxury cruise, ocean cruise vs river cruise에 대해서 자세히 설명했다.

중국에는 몇 년 전부터 크루즈 바람이 불기 시작했다. 10~15여 년 전에는 중국인 크루즈 승객을 별로 볼 수가 없었다. 최근 몇 년간 미국과 캐나다 사람들 다음으로 중국인 승객들이 엄청나게 증가했다. COVID 팬데믹 전후 10년 동안에 중국인 크루즈 승객이 무려 20배 이상이 증가했다는 보도가 있다. 2025년까지는 중국인 승객수가 캐나다 승객수를 능가할 것이라는 예측이다. 이 책이 크루즈 여행을 계획하고 있는 한국 여행객들에게 큰 도움이 되길 바라며, 중국에 못지않게 한국에 크루즈 바람을 일으키는 데 필요한 원동력이 되길 바란다.

크루즈에서 사용되는 모든 용어는 영어로 쓰여 있다. 무리해서 한국어로 번역하는 것보다는 크루즈 배에 승선하기 전에 전문 용어에 미리 익숙해지는 것이 좋을 거라는 생각에서, 있는 그대로 영어 용어들을 사용했으니 독자들의 이해를 바란다.

엉성한 이 책의 원고를 정성껏 읽어주시고, 도움이 되는 좋은 평과 문장의 맥락을 잘 정리해 주신 지식공감 김재홍 대표님과 김혜린 대리님 그리고 박소피아 선생님께 깊은 감사를 드린다. 세분들의 도움으로 딱딱하고 흐트러진 문장들을 부드럽고 단정하게 가다듬을 수가 있었다. 능숙한 프로의 기술과 지식으로 디자인을 꾸며주신 박효은 과장님께도 감사를 드리며, 크루즈 사진을 공유해 주신 John Magdziasz 씨에게도 진지한 감사를 표한다.

2024년 8월

김지수 배
jskim1984@gmail.com

Contents

Contents

Part 1

크루즈 여행 준비

Chapter 1

크루즈 여행의 시작과 선박 알아보기

the allure of cruise travel

아는 만큼 즐길 수 있는 크루즈 여행

사람에 따라서는 산보다는 바다를, 바다보다는 산을 더 좋아한다. 나는 산은 산대로, 바다는 바다대로, 다 좋아한다. 둘 다 창조주가 우리 인간에게 주신 귀한 선물이다. 크루즈 여행을 하다 보면 만경창파 바다는 물론이지만, 해안 가까이 크루즈 배가 항행할 때는 바다에서 산을 바라보며 감상을 할 수 있다. 바다에서 산을 바라보면 산만 보이는 것이 아니다. 산, 바다, 하늘이 한 폭의 명작처럼 한눈에 들어온다. 크루즈를 하면서 바라보는 육지의 풍경은 육지에서 육지를 보는 것과는 맛이 다른 것 같다.

모든 여행이 그렇지만 특히 크루즈 여행은 나 자신을 내가 스스로 발견하고 나에 관한 질문을 할 기회를 준다. 육지 단체관광은 강행군을 하는 경우가 많아 여행하는 동안 심신이 피로해서 마음의 여유를 갖고 생각할 겨를이 별로 없다. 반면에 크루즈 여행은 얼마든지 자신이 원한다면 여유 있는 시공간을 가질 수가 있는 것이 장점이다. 크루즈 선박 갑판에 기대 서 있으면 망망대해에 파도를 타고 불어오는 신선한 바람은 나의 온몸을 깨끗이 씻어주고, 향기로운 공기를 들이켜면 불안감이나 긴장감은 사라지고 마음과 정신이 정화되는 것을 느낀다.

미국에 있는 한국여행사에서 근무하신 분의 말씀이 떠오른다. "크루즈 여행을 다녀온 미주 교민들의 2/3는 크루즈 여행을 두 번 다시 안 가겠다고 한다." 이유인즉, 언어소통의 불편도 있었지만, 크루즈가 매우 지루했었다고 한다. 지루하다고 생각하면 크루즈 여행이 지루할 수도 있다. 같은 환경, 같은 조건 속에서 우리 자신들의 마음가짐이나 태도에 따라서 느낌이나 반응이 다를 수가 있다. 크루즈가 지루하다고 느끼는 소수의 여행객도 있지만 크루즈 여행의 매력에 취해 매년 3~4번씩 다니는 사람도 많다. 내가 크루즈에서 만난 어느 부부는 지금까지 크루즈를 80번 이상을 했다고 한다.

몇 년 전에 Princess사의 크루즈 배를 타고 로스앤젤레스에서 알래스카를 항행하고 있었다. 어느 날 저녁에 객실로 배달된 daily planner를 보니 나이가 지긋한 동양인 부부의 사진이 실려 있었다. 이 부부는 로스앤젤레스에서 오신 중국계 미국분인데 지금까지 크루즈를 265번 했다는 것이다. 이게 가능할까? 265번 크루즈를 했다는 것은 지난 40년 동안 1년에 6~7번을 크루즈를 했다는 것이 되겠다. 40년이라는 많은 세월을 크루즈에서 보낸 중국 부부가 매우 행복해 보였다. 크루즈 여행을 하면서 다양한 사람들을 많이 만나게 되는데 크루즈를 20~40번 했던 경험이 있는 여행객들을 상당수 만날 수가 있다.

미국에서 의사였던 John Hennessee 부부는 남편이 은퇴 후 집, 자동차 등 모든 재산을 모조리 팔아 버리고, 2021년부터 크루즈에서 크루즈로 옮겨 다니며 1년 365일을 크루즈에서 생활하고 있다. 이걸 cruise ship hopping이라고 한다. 공항에서 공항으로 비행기를 계속 연결하면서 세계 일주를 하듯, Hennessee 부부는 cruise ship hopping을 하면서 세계 곳곳을 항행하고 다니며 은퇴 생활을 즐기고 있다. 무려 45개 크루즈 여행 예약이 이미 되어 있다니 앞으로 수년간은 cruise ship hopping을 계속하면서 행복한 은퇴 생활을 할 모양이다. 크루즈에서 생활하는 총비용이 집을 유지하면서 육지에서 생활하는 데 필요한 생활비보다 훨씬 적다고 헤네시 부부는 말한다.

크루즈 일정 중 sea day 날에 교육적인 세미나가 1~2개씩 있다. 나는 크루즈 여행하는 동안에 이런 세미나와 매일 저녁 크루즈 배의 연주장에서 열리는 쇼에 빠짐없이 참석하고 관람한다. 지금까지 내 경험으로는 크루즈에서의 모든 세미나는 영어로 진행된다. 영어에 익숙하지 못한 승객들은 약간 부담스럽고 기대한 만큼 이해를 못 할 수도 있겠다. 하지만 자주 참석하다 보면 어느 정도 배움이 이루어질 수 있다.

몇 년 전 크루즈 여행을 했을 때 1시간씩 5회에 걸쳐 비행기 역사에 대한 세미나가 있었다. 비행기 여행을 비교적 자주 하는 나로서는 아주 유익한 세미나였다. 비좁은 비행기 객실에 200~300명의 승객이 빼곡하게 오랜 시간 앉아 있기 때문에 내부 공기의 질이 매우 나쁠 거로 생각하고 있었는데, 비행기 실내 공기는 3~4분에 한 번씩 완선히 새로운 공기로 교체된다는 것이다. 세미나 덕분에 나의 잘못된 인식이 바뀌었다.

크루즈에는 승객들을 즐겁게 해주기 위해서 자정까지 이곳저곳에서 춤을 출 수 있는 곳이 많다. 나는 춤 추는 재능이 없기 때문에 그 모습이 멋지지는 않지만, 춤을 추는 것을 매우 좋아한다. 크루즈를 하는 동안에는 세 끼를 너무도 잘 먹기 때문에 체중 관리에 무척 신경을 써야 하는데, 춤이 상상 이외로 좋은 운동이 된다는 것을 터득한 후부터는 더 열심히 신나게 춤을 춘다.

크루즈에서 춤추는 장소를 가보면 대부분 남녀가 한 쌍이 되어 춤을 추지만, 혼자서 추는 사람들도 있고, 남자끼리 혹은 여자끼리 추는 사람들도 흔히 볼 수가 있다. 10여 년 전만 해도 동성끼리 춤추는 모습을 보기 어려웠고, 만약 그런 승객들이 있었다면 이상한 눈초리로 보면서 거리를 두기도 했다. 지금은 승객들의 인식이나 태도가 많이 달라졌다. 동성끼리 춤추는 모습이 별난 일이 절대 아니다. 귀한 시간과 아까운 경비를 투자해서 크루즈 여행을 갔으니 다른 사람에게 폐가 되거나 불편을 끼치지 않는 한계 내에서 마음껏 즐길 것을 권해 드리겠다.

크루즈를 하는 동안 배는 어디론지 항상 항행한다. 매일 저녁 지구 위 어디서인지 다른 장소에서 잠자리에 들어가게 되고, 아침에 일어나 창문의 커튼을 열면 눈앞에 매일 색다른 풍경이 펼쳐진다. 다음 날에는 어떤 풍경이 펼쳐질까 기대도 된다. 이것 또한 크루즈 여행의 매력이 아닐지 싶다.

세계에서 가장 거대한 크루즈 선박

크루즈 여행은 언제부터 시작되었나?

크루즈 여행의 역사는 우편물을 배달하던 선박으로부터 시작되었다. 수입을 올리기 위해 선박의 빈자리를 일반 여행객으로 채우고 1844년 영국 런던에서 지중해로 유람 항행을 한 것이 크루즈 여행의 첫 시작이었다. 크루즈의 역사는 약 180년쯤 된다.

유유히 바다를 항행하면서 휴가를 즐길 수 있는 미래의 크루즈 여행 개념을 구체적으로 구상하고, 심한 반대를 물리치고 과감하게 크루즈 사업에 투자를 결심했던 독일 함부르크(Hamburg) 출신, 그 시대 선박 업계의 거물이었던 알버트 볼린(Albert Ballin, 1857~1918)이 크루즈 여행의 선구자라고 알려져 있다. 볼린은 유럽의 추운 겨울에 부유한 승객들을 따뜻한 카리브해(Caribbean) 지역 낭만의 휴양지로 모시기 위해 1891년 선박 1척을 호화로운 크루즈 배(cruising vessel)로 개조했다.

오늘날 "크루즈"라는 명칭으로 알려진, 진지한 크루즈의 목적으로 맨 처음 제조된 선박은 프린재씬 빅토리아 루이스(Prinzessin Victoria Luise)호라 불렸으며 1900년도에 처음 취항했다. 1912년 4월 14~15일 타이태닉(Titanic)호가 침몰할 때까지 초기 크루즈 산업은 크게 발전했다. 사람들 대부분이 오해하고 있지만, 타이태닉(Titanic)호는 현대개념의 크루즈가 아니라 여객선이었다. 타이태닉호가 총 3,335명(2,435명의 승객과 900명의 선원)을 태울 수 있는 거대한 여객선이었지만, 오늘날의 크루즈호에 비하면 작은 편이었다.

크루즈에는 2종류가 있다. 바다를 항행하는 ocean cruise와 강을 항행하며 주로 유럽에서 볼 수 있는 river cruise이다. 우선 ocean cruise를 중점적으로 소개하고, river cruise는 제3장에서 소개하겠다.

크루즈 산업은 꾸준히 눈부신 발전을 했으며, 2024년 현재 전 세계에는 약 37개의 해양 크루즈 라인 회사가 있다. 이 회사들이 운영하는 크루즈 선박은 총 302척에 달한다.

• Carnival Corporation: 여러 브랜드를 포함하여 총 86척의 크루즈 선박을 운영한다.
  Carnival Cruise Line 24척, Princess Cruises 15척, Holland America Line 11척 등(Cruise Ship Traveller).
• Royal Caribbean Group: 총 52척의 선박을 보유하고 있다.
  Royal Caribbean International 26척, Celebrity Cruises 15척,

Silversea Cruises 11척(Cruise Ship Traveller).
* Norwegian Cruise Line Holdings: 총 29척의 선박을 운영한다.
Norwegian Cruise Line 18척, Oceania Cruises 6척, Regent
Seven Seas 5척(Cruise Ship Traveller).

크루즈 산업은 팬데믹 이전 수준을 넘어섰으며, 2023년에는
3,170만 명의 승객을 기록해 2019년 대비 7% 증가했다. 2024년에
는 3,570만 명의 승객이 예상된다(Cruise Industry News). 이처럼 팬데믹 이
후 예상외로 크루즈 승객이 증가함으로 Carnival이라는 크루즈회
사의 주식값은 2배 이상으로 뛰었다고 알려졌다.

크루즈 여행이 대중화되고, 승객이 날로 증가하며, 과학과 기술
이 발달하면서 크루즈 자체도, 자동차나 비행기처럼 많은 발전과
변화를 겪었다. 크루즈 자체의 규모와 승객의 안전 면에 가장 큰
변화가 있었고, 지금도 크루즈 산업은 승객의 기대와 꿈속의 환상
을 충족시켜 주기 위해 전력을 다해 노력하고 있다.

크루즈 선박은 얼마나 클까?

    크루즈 선박은 승객 적재량에 따라 소형, 중형, 대형, 3등급으로 나뉜다. 소형 크루즈 선박은 대략 승객이 2,000명 이하, 중형은 승객이 2,000~3,000명, 대형은 3,000명 이상이며, 배에서 일하는 선원들을 모두 합하면, 대형 크루즈 선박은 보통 5,000명 이상의 인원이 승선한다. 최근 몇 년 동안에는 7,500~10,000명 이상의 승객과 선원들이 탈 수 있는 초대형 크루즈 선박들이 항행하고 있다. 내가 약 40년 전 처음 크루즈 여행을 했던 Big Red Boat 크루즈회사 선박은 승객의 수가 1,500명 정도로 타이태닉호보다 훨씬 작은 소형의 크루즈 배였다. 2023년 현재 항행하고 있는 세계에서 가장 거대한 3척의 크루즈 선박은 모두 Royal Caribbean International 회사가 소유하고 있다.

◉ The Wonder of the Seas호
  Gross tonnage: 236,857톤
  길이: 362미터, 넓이: 65미터, 높이: 73미터
  총인원: 9,288명(승객: 7,084명, 선원: 2,204)

- ⊙ The Symphony of the Seas호
  Gross tonnage: 228,081톤
  길이: 362미터, 넓이: 66미터, 높이: 70미터
  총인원: 7,618명(승객: 5,518명, 선원: 2,100)

- ⊙ The Harmony of the Seas호
  Gross tonnage: 227,500톤
  길이: 362미터, 넓이: 64미터, 높이: 73미터
  총인원: 7,780명(승객: 5,480명, 선원: 2,300)

위에 언급한 초대형 크루즈 선박들은 폭이 65미터 정도에 길이가 성인 축구장의 3.5배 이상이나 되기 때문에 선박 안에서 이동하는 거리나 시간이 상당히 소요된다. 조용한 환경 속에서 푹 쉬면서 여행을 여유롭게 즐기고 싶은 사람들은 승객이 너무 많아 가끔 불편을 느낀다는 평도 있지만, 규모가 큰 만큼 바다를 항행하며 크루즈 여행을 하는 동안 다양한 프로그램과 시설도 더 많기 때문에 초대형 크루즈 선박을 선호하는 사람들도 많다.

Royal Caribbean 크루즈회사는 25만 톤을 초과하는 세계 최대의 크루즈 선박, The Icon of the Seas호를 2024년 1월에 미국 마이애미 항구에서 첫 출항을 했다. The Icon of the Seas는 길이가 약 366미터, 넓이가 65미터이며, 높이 20층의 거대한 선박이다. 승객 적재량이 7,600명, 선원(crew)까지 모두 합하면 10,000명의 인구가

승선할 수 있다. 크루즈 배라기보다는 상상을 초월하는 초대형급,
바다를 떠다니는 유흥지(floating resort)라고 부르는 것이 더 적절할 것
같다.

Icon of the Seas. 세계에서 제일 거대한 크루즈 선박

크루즈 선박의 철저한 안전의식

머릿속에 크루즈를 상상하면 많은 사람은 뱃멀미, 화재, 태풍, 특히 COVID19 팬데믹 이후 공중보건에 대한 질병의 두려움을 갖게 될는지 모르겠다. 오늘날의 크루즈 선박들은 규모가 웬만한 큰 도시 1~2개 블럭(Block) 이상을 차지할 정도이기 때문에 거센 파도가 아니면 진동을 그다지 느낄 수가 없으며, 멀미하는 승객들에게 요즘은 효력이 매우 좋은 멀미약이 많다고 한다.

모든 교통수단 중에 크루즈 선박만큼 안전한 것은 없을 것 같다. 화재 면에서는 승객의 안전을 지키기 위해 선원들은 갖가지 필요한 화재방지와 대피, 화재진압에 대한 훈련을 매주 받고 있으며, 화재를 방지하고, 신속하게 진압할 수 있게 선박 자체에 설계가 돼 있다.

2018년 미국 로스앤젤레스(Los Angeles)에서 플로리다주 포트 로더데일(Ft. Lauderdale, Florida)까지 18일간 항행하는 파나마 커넬 크루즈(Panama Canal Cruise)를 탔었다. 우리가 승선한 크루즈 선박은 코스타리카(Costa

Rica) 서해에서 심한 폭풍을 만났다. 거센 비바람은 밤새도록 공포 영화 속에서처럼 무섭게 불어닥쳤고 4,500명 이상의 승객이 탄 대형 크루즈 선박은 마치 조그만 돛단배처럼 곧 뒤집힐 것처럼, 좌, 우, 위아래로 흔들렸으며, 선박 밖으로 뛰쳐나가 대피도 할 수 없는 절망적인 상황이었다. 다른 승객들과 마찬가지로, 나는 침대에 누워 손에 땀을 쥐고 눈을 감고, 기도를 드리는 것 이외엔 아무것도 할 수가 없었다. 태풍은 지나갔고 약 5시간이 지나 크루즈 선박은 드디어 다음 목적지에 아무 탈 없이 무사히 도착했다. 아침에 밖을 내다보니 아름답고 평화로운 이색적인 중남미 항구의 전경이 눈앞에 펼쳐있었다. 항로를 잃고 표류하거나 침몰하지 않고 목적지에 도착한 것이 지금 생각해도 기적처럼 느껴진다. 지나고 보니 이런 경험을 한다는 것이 여행에서 오는 특권이요, 즐거움인 것도 같다.

지난 100년 동안 여객선 사고는 몇 번 있었지만, 세계적으로 널리 보도가 됐던 가장 큰 크루즈 선박 사고는 2012년 Costa Concordia 호가 선장의 실수로 암초와 충돌하여 33명이 사망한 사고가 있다. 그 당시 Costa Concordia에는 승객과 선원을 합해 모두 4,229명이 승선하고 있었으며, 선장은 16년 실형을 받고 현재 로마 감옥에 수감돼 있다고 한다.

2013년 2월 Carnival 크루즈 선박과 2013년 5월 Royal Caribbean 크루즈 선박 기관실에서 화재가 발생하였고, 2019년 3월 Viking 크루즈 선박 엔진에 심각한 고장으로 승객들에게 큰 불편은 끼쳤지만, 인명피해는 없었다. 비행기도 정비 부족으로 엔진에 문제가 생기면 이륙이 지연되는 때가 가끔 있다. 흔하지는 않지만 기후 상황에 따라서 크루즈 선박의 항로나 다음 목적지 도착시간에 약간 차질이 생길 수가 있으며, 가끔은 예정된 기항지에 정박할 수 없을 때가 있다.

남미와 남극을 항행하는 크루즈를 승선한 적이 있었다. 아르헨티나의 우수아이아(Ushuaia)와 칠레의 혼곶(Cape Horn)이 예정된 기항지였지만, 시속 120km의 거센 폭풍 때문에 우리가 승선한 크루즈 선박은 정박할 수가 없었다. 기후 관계로 비행기 출항이 지연되거나 취소되는 경우와 비슷하다. 위의 두 기항지에 정박할 수가 없었기 때문에 그만큼 남극을 더 오랜 시간 탐방했다는 이점도 있었다.

크루즈 선박만큼 방역에 철저한 공공시설이나 장소는 우리 생활권에서 찾기 어려울 것 같다. 제한된 공간에 감염병이나 식중독이 퍼지면 속수무책이 될 수도 있고, 지대한 인명피해와 재정적인 손실이 크루즈 회사를 파산시킬 수도 있기 때문에 방역은 빈틈없이 실천되고 있다. 2024년 초 Cunard 회사소속의 고가 크루즈 선박 Queen Victoria에서 항행 중 150명 가량의 승객들이 배탈과 구토증으로 말썽이 된 적이 있다. 이 사실은 세계적으로 보도가 됐으니 Cunard 회사로서는 보통 큰 손실이 아닐 수가 없다. 고가 크루즈와 저가 크루즈에 대해서는 다음 장 〈비싼데 누가 타냐고? 30분 만에 매진되는 고가 크루즈〉에서 간단히 설명하겠다.

객실마다 구명조끼가 승객의 안전을 위해 배치되어 있으며, 타이태닉호에는 65명을 태울 수 있는 구명보트(Lifeboat)가 모두 20척만 배치돼 있었기 때문에 최대로 구할 수 있는 승객의 수가 1,300명이었지만, 오늘날엔 승객 전원의 125%를 구할 수 있는 구명보트가 배치돼 있어야 한다는 안전 규정(Cruise Ship Safety Standards)이 있다. 승객 적재량이 4,000명인 크루즈 선박은 5,000명을 수용할 수 있는 구명보트를 항상 배치해야 한다. 구명보트를 타야 할 상황이 생겼을 때 자리가 부족해서 타지 못하면 어떠할까 불안해하거나 당황할 필요가 전혀 없다. 영화에서처럼 구명보트에 마지막 자리를 사랑하는 애인에게 양보하고 자기 자신은 희생하는 젊은이의 "로맨틱"한 장면은 이젠 실제 존재할 수가 없다.

크루즈 선박 용어와 구조

　기차, 버스, 비행기 여행과 달리 크루즈 여행에는 배의 구조를 어느 정도 알고 있는 것이 편리하고 좋을 때가 많다. 크루즈 여행을 하는 동안 방대한 선박 안에서 자주 이동하고 활동을 많이 하게 되는데 앞쪽인지, 뒤쪽인지, 방향감각을 잃고 우왕좌왕할 때가 가끔 있다. 즐기려고 휴가를 온 거로 생각하면서 배 안에서 우왕좌왕하며 시간을 보내는 것도 재미라고 생각할 수도 있겠지만, 식당이건, 라운지(Lounge)건, 방향을 잡고 목적지를 쉽게 찾으려면 크루즈 배 안에서 사용되는 용어에 익숙할 필요가 있다. 조종실이 어디에 있는지 모르더라도 비행기 여행을 무난히 잘할 수 있는 것처럼, 선박 용어를 모르더라도 얼마든지 크루즈 여행을 즐길 수는 있다.

　크루즈 선박은 크기도 다양하고 내부 시설이나 장식들도 호화스럽고 다양하다. 하지만, 구조 면에서 보면 기본적인 틀은 큰 차이가 없이 비슷하기 때문에 대형 크루즈 선박을 기준으로 설명하겠다.

대형 크루즈 선박은 거의 모두 19~20층까지 있으며, 선박에 승선하면 바로 4층 혹은 5층에 도착하게 된다. 우리가 거주하는 아파트나 일반 건물은 층(Floor)이라 하지만, 선박에서는 층을 Floor라 부르지 않고 Deck이라 칭한다. 따라서 4층, 5층, 6층을 Deck 4, Deck 5, Deck 6라고 부르며, 각 Deck에는 "별명"이 붙어 있다. 예를 들면, Deck 6 Fiesta, Deck 7 Promenade, Deck 8 Baja, Deck 9 Emerald 등과 같다. 승강기를 타고 7층에 도착하면, "Deck 7 Promenade"라고 방송이 나온다.

가장 많이 사용되는 중요한 용어들을 먼저 소개하고 Deck 시설을 설명하겠다. 일부 여행객들에게는 불편할는지 모르나, 선박에서 사용하는 거의 모든 용어는 영어로 돼 있다. 아래에 설명한 용어들을 모르더라도 크루즈 여행을 충분히 즐길 수 있지만, 익숙하면 편하게 다닐 수 있다.

- Cruise terminal: 비행기를 타려고 공항에 가면 터미널에 가서 check-in을 해야 하는 것과 같다. 크루즈 선박에 승선하려면 항구에 위치한 cruise terminal에서 check-in을 해야 한다.
- Embarkation: 승선.
- Disembarkation: 하선.
- Hull: 바닷물에 접하는 선박 외부의 아랫부분.
- Bow: 배의 앞부분. 항행할 때 바닷물을 가르고 나가는 부분.
- Stern: 배의 맨 뒷부분.

Bow   Stern

- Bridge: 다리가 아니라, 배의 위치나 속력을 통제하고 조절하는 선장실이 있는 곳. 배의 맨 위, Deck 19쯤에 위치함. Navigational Bridge 혹은 Navigating Bridge라고도 불린다.
- Port side of the ship: Bow를 향해 서 있을 때 선박의 왼쪽 부분.
- Starboard side of the ship: Port side의 반대쪽. Bow를 향해 서 있을 때 선박의 오른쪽 부분.
- Port of call: 크루즈 배가 항행 중 정박하는 기항지.
- Cabin(혹은 Stateroom): 호텔에서는 방(Room)이라 부르지만, 크루즈에서는 승객이 투숙하는 객실을 cabin 혹은 stateroom이라 함.
- Cabin crew(혹은 cabin steward): 크루즈 배에서 일하는 종업원들을 일반적으로 일컫는 말.
- Sea day(혹은 at sea): 기항지에 정박하지 않고 종일 바다를 항행하는 날.
- Port day: 크루즈 배가 기항지에 정박하고 승객들이 하선해서 육지 관광을 하는 날.
- Gang way: 크루즈 배와 육지를 연결하는 다리.
- Formal night(혹은 Formal dress code): Formal night는 4~5일에 한 번씩 Sea day 저녁에 있다. 저녁 식사 때 정장을 입어야 하는 날. 남성은 넥타이나 턱시도(Tuxedo), 여성은 Evening dress(Party dress)를 입는다.
- Casual night(혹은 smart casual): 저녁 식사 때 자유롭게 복장을 하는 날.

- Semi-formal night: 가끔 사용하는 용어. Formal night와 casual night의 중간으로 저녁 식사 때 단정한 복장을 갖추는 것.
- Muster drill: 항행하는 동안 모든 승객이 의무적으로 꼭 알아야 하는 안전 수칙 연습. 과거에는 승객들이 한꺼번에 갑판에 나가 지정된 muster station이란 곳에 모여서 해상사고 대처 연습을 했지만, 최근에는 안전 수칙에 대해 객실 내에서 약 10분 정도 TV를 시청하고 난 후 지정된 곳에 가서 시청했다고 보고하면 된다.
- Shuttle boat(혹은 Tender boat): 크루즈 배가 기항지에 도착했지만, 기항지 시설 부족이나 바다 깊이 문제 때문에 크루즈 배가 항구 가까이 접근할 수 없는 곳이 있다. 이런 경우 크루즈 선박은 해안가에서 멀리 안전한 위치에 정박하고 조그만 한 셔틀보트(Tender boat)를 사용해서 승객들을 해안까지 이동시킨다.

크루즈 배 내부에서 위치를 더 정확하게 표현하기 위해 실내가 세 부분으로 나뉘어 있다.

⊙ Mid-ship: 선박의 중간 부분. Atrium이 있는 부분.
⊙ Forward 혹은 Fore: 선박의 앞부분,
⊙ Aft: 선박의 뒷부분.

배 중간에서 약간 앞쪽을 말할 때 Mid-ship forward 혹은 Mid-ship fore란 표현을 사용하고, 배 중간에서 약간 뒤쪽을 말할 때 Mid-ship aft라는 표현을 사용할 때도 있다. "내가 머물고 있는 방이 Deck 8, mid-ship aft에 있다."라고 하면 방의 위치가 8층, 중간에서 약간 뒤쪽에 있다는 말이 되겠다. 크루즈 여행 예약을 했을 때 Booking confirmation에 객실 번호와 함께 위치가 Deck 10, mid-ship fore라고 적혀있으면, 투숙할 방이 10층, 중간에서 약간 앞쪽으로 있으니, 승선한 후 축구장 3배 이상 되는 긴 배 안에서 방을 찾아 헤매는 것을 피할 수가 있겠다.

승선한 후 투숙할 방을 찾는 것에 대해 부담을 느낄 필요는 전혀 없다. 방을 찾아 좀 헤맬 수는 있지만, 90대 나이 드신 승객들도 방을 찾지 못한 예는 없다. 사실, 방을 찾아 이리저리 다니면서 선박 내부를 구경한다고 생각하면 이것도 크루즈 여행의 즐거움이라고 볼 수가 있겠다.

대형급 크루즈 배의 Deck 구조는 약간의 차이는 있을 수 있지만, 대부분은 대략 아래와 같다.

- Deck 4: Medical Center, 의사와 간호사가 의료 설비를 갖추고 있다.
- Deck 5, Deck 6: 승객들이 식사할 수 있는 식당들이 위치하고 있으며, 테이블에 앉아 웨이터에게 음식을 주문하는 식당임.
- Deck 6, Deck 7: Forward에 공연장(Theater)이 있음.
- Deck 8에서 Deck 15까지는 객실들이며 승객의 편의를 위해 Deck마다 세탁시설(Laundromat)이 있다.
- 우리나라 건물에 가끔 4층이 없다. 같은 이유로 대부분의 크루즈 배에는 Deck 13(13층)이 없다.

- Deck 14 혹은 Deck 16은 Lido라 불리며, Buffet 식당, 수영장, 일부 객실이 자리 잡고 있다.
- Deck 17: 뒤쪽에는(어떤 크루즈 선박은 앞쪽에) Fitness Center, 수영장, 라운지 시설이 있다.
- Deck 18, Deck 19에는 Driving range, 농구장, Sky 라운지, Jogging track 등이 있다.

크루즈 배에 승선하고 내가 투숙할 방에 입실하면, 곧바로 배 안을 여기저기 거닐면서 배의 구조와 각종 시설을 둘러보며 답사를 해두는 것이 크루즈하는 기간 여행을 즐기는 데 큰 도움이 된다. 다음 절차는 안전 수칙을 TV로 시청하고 지정된 장소에 가서 시청했음을 보고해야 한다. 부담을 주고 귀찮게 느낄지 몰라도 승객의 안전을 위해 비행기 여행에서 안전띠를 항상 매는 것과 같은 것으로 생각하면 좋겠다.

안전 수칙은 크루즈회사의 규정보다는 SOLAS(Safety of Life at Sea, 해양인명안전) 조약의 필수사항이다. 만약 안전 수칙을 준수하지 않으면 강권을 발휘해서 하선을 시켜버릴 수가 있으며, 환불도 없다. 누구나 의무적으로 해야 하고, 본인의 안전과 다른 승객들의 안전을 위한 것이니 객실에 앉아서 10분 정도 TV 시청만 하면 되니 부담을 느낄 필요가 전혀 없다.

크루즈에는 흔하지는 않지만, 가끔 repositioning 크루즈라는 것이 있다. 만약 Carnival이란 회사의 Panama Canal 크루즈 배가 산 페드로(San Pedro)에서 시작해서 마이애미(Miami)까지 손님을 모시고 갔다가, 다시 마이애미에서 승객을 태우고 산페드로 항구로 돌아온다고 가정하자. 산페드로-마이애미 노선은 정규적으로 오가는 정규 노선으로써 산페드로 항구는 산페드로-마이애미 노선의 home port가 된다. 만약 Carnival 회사가 시드니(Sydney, Australia)-타히티(Tahiti) 노선을 개척하기 위해 산페드로에서 시드니로 배를 옮겨야 할 경우, 배가 텅 빈 채로 시드니까지 가는 것보다는 승객을 싣고 가는 것이 회사에는 당연히 이익이다. 이런 경우 산페드로에서 시드니까지 항행하는 크루즈를 repositioning 크루즈라고 부른다.

Repositioning 크루즈는 일반 크루즈에 비해 약간 저렴할 수가 있지만, 반드시 그렇지는 않다. 나도 한번 22일 동안 남미에서 대서양을 가로질러 유럽까지 항행하는 repositioning 크루즈 여행을 한 적이 있는데 크루즈 배의 서비스 면에서 일반 크루즈와 다른 점이 전혀 없었다. 비용을 절약하기 위해 가능하면 repositioning 크루즈를 이용할 것을 추천하겠다. 비용을 절약하기 위해 크루즈 예약을 하기 전에 나는 꼭 repositioning 크루즈를 찾으려고 노력하며 여행사 담당 직원에게 가능한 한 repositioning 크루즈를 예약해 달라고 부탁한다.

Part 1 / 크루즈 여행 준비

Chapter 2

크루즈 여행 선택과 준비

the allure of cruise travel

크루즈 선택과 예약

:: 여행 정보 수집하기

요즘은 인터넷 시대이기 때문에 크루즈를 계획하는 사람은 누구나 인터넷을 먼저 조회할 것이다. 내가 자주 방문하는 웹사이트를 소개한다.

- www.cruisebooking.com
- www.cruise.com
- www.cruisewise.com
- www.vacationstogo.com
- www.cruisecritic.com
- www.cruisewatch.com

위의 웹사이트에서 크루즈 여행에 필요한 웬만한 정보는 모두 찾아낼 수가 있다. 개별적으로 크루즈회사의 홈페이지를 방문하면 그 회사가 제공하는 모든 크루즈 일정을 알아볼 수 있다. 예를 들어 www.cruisewise.com을 방문하면, 창이 나타나는데 요청하는 정보를 입력해야 한다. 제일 중요한 정보 입력은 목적지(예: Bahamas), 여행 기간(예: 7박), 출발일(예: 2025년 3월)을 입력하면, 그에 따라 2025년 3월에 7박 동안 바하마 지역을 항행하는 모든 크루즈 선박이 떠오른다. 크루즈 일정(Itinerary)을 클릭하면 크루즈 배의 출발지와 기항지(ports of call), 도착지를 알 수 있는데, 가장 호감이 가는 크루즈 배를 선택하면 된다.

환상을 현실로 바꾸는 & 크루즈 여행의 매력

:: 크루즈 선택하기

단체 육지 여행처럼 크루즈 여행도 1년 내내 전 세계 어디든 배를 타고 항행할 수 있다. 수요와 관광객의 요구에 따라서 거의 대부분의 크루즈는 카리브해, 바하마(Bahamas), 알래스카, 멕시코, 남미/남극, 남태평양, 대서양횡단, 하와이, 지중해, 북유럽 스칸디나비아 지역에 집중되었다. 다른 지역에 비해 많지는 않지만, 최근 몇 년 전부터 동남아, 일본지역에도 크루즈 배가 항행을 하기 시작했다. 가장 크루즈 배가 많이 다니는 항로가 현재는 카리브해 지역이다. 미국과 캐나다 사람들이 플로리다(Florida)주까지 가서 승선하기가 쉽고 편리하며, 5일~10일이라는 크루즈 기간이 젊은이들을 포함한 많은 승객의 휴가 계획에 적절하다고 알려졌다. 수요 공급의 원칙에 따라서 Caribbean 크루즈 수요가 늘어감에 따라 비교적 비싼 편이다.

해외여행은 대략 3종류가 있다. 여러 사람과 함께하는 단체관광, 자유여행 그리고 크루즈 여행이다. 나는 10대부터 여행을 매우 좋아했기 때문에 그동안 여행을 무척 많이 했다. 최소한 하루라도 투숙하고 머물며 관광을 한 경험이 있는 나라가 모두 100여 개국은 된다. 여행을 먹고 사는 사람 같다고 느낄 때도 있다. 여행을 자주 하다 보니 같은 장소를 3~5번 여행한 곳도 많다. 이미 여행했던 곳을 2번, 3번 왜 또 가느냐고 물어보는 사람들이 많다. 한 번에 가서 모든 걸 다 보고 경험할 수는 없는 것이며, 갈 때마다 느낌이 다르고 새로운 것을 배우게 된다. 오랜만에 다시 찾아간 곳에서는 그 사회의 변해가는 모습을 직접 보고 느낄 수가 있었다. 10년 후에 다시 방문했을 때는 왠지 그곳이 낯설고 생소하지 않고, 마치 정든 고향을 다시 찾아온 것처럼 포근하고 아늑한 정다움을 꼭 느끼게 된다.

2년 전 두바이(Dubai)를 세 번째 방문했다. 10년 전에 두바이에 갔을 때 도시 전체가 온통 크레인(construction crane)으로 가득 차 있다는 인상을 받았다. 사방을 둘러봐도 눈에 보이는 것은 크레인뿐이었다. 그 당시 세계 크레인의 90%가 두바이에 있다는 말이 있었다. 7~8년 사이에 두바이는 전혀 다른 모습으로 변했다. 크레인은 흔적도 없이 사라지고 도시 전체는 거대한 현대식 건물로 가득 차 있었다.

몇 주 전에는 10년 만에 모로코(Morocco) 여행을 했는데 예전의 모습은 찾아보기 어려웠다. 예전에는 4성 호텔에 투숙하고 화장실 세면대 물을 틀면 녹물이 나왔기 때문에 샤워는 고사하고 세수하는 것도 불편하기 짝이 없었다. 인프라스트럭처(infrastructure, 사회적 생산 기반) 면에서 모로코는 눈부신 발전을 한 것이었다.

몇 년 전 30년 만에 독일 베를린(Berlin)에서 3박 4일을 체류했었다. 독일의 자유와 동서독 통합의 상징인 브란덴부르크 광장(Brandenburg Gate)의 모습은 30년 전과는 너무도 대조적이었다. 30년 전 브란덴부르크 광장에 모여든 사람들 거의 대부분은 백인이었고, 우리 일행 이외 유색인을 찾기 어려웠다. 오늘날의 브란덴부르크 광장의 모습은 50~60%가 중동지역, 아프리카계, 동양인으로 가득했고, 백인이 소수라는 것이 느껴질 정도로 탈바꿈하고 있었다.

젊었을 때는 단체관광과 자유여행을 주로 했었지만, 지난 25년 동안엔 크루즈 여행을 중점적으로 했다.

2023년 1년 동안 나의 여행지를 잠깐 소개하겠다. 4월 초에 한국을 출발해서 브라질을 자유여행으로 탐방하고, 브라질 산토스(Santos) 항구에서 MSC(Mediterranean Shipping Company) 크루즈 배를 타고 23일 동안 대서양을 항행한 후 독일 함부르크에서 하선했다. 하선 후 독일 서부지역을 2주간 자유여행을 했으며, 9월과 10월에 두바이와 튀르키예(Türkiye)를 단체 관광했고, 12월 한 달 동안은 남미 크루즈 여행을 했다. 두바이, 튀르키예, 독일은 과거에 이미 1~3번 여행을 했던 곳이다. 1년 동안에 크루즈 여행과 단체여행, 자유여행을 모두 경험한 것이다.

크루즈 여행의 특이한 점은 바다와 육지를 함께 경험할 수 있다는 것이다. 거의 매일 다른 지역으로 이동하면서 잠자리가 바뀌기 때문에 저녁에 호텔에 입실해서 짐을 풀면 다음 날 아침에 또 짐을 다시 챙겨야 하는 번거로움이 단체 관광객들을 몹시 피곤하게 하고 불편을 느끼게 할 때가 많다. 매일 호텔이 바뀌다 보니 가끔 객실 번호도 전날 호텔 객실 번호와 혼돈이 생길 때도 있다. 하지만, 크루즈 여행은 승선을 해서 입실을 하면 크루즈가 끝난 후 하선할 때까지 잠자리를 옮길 필요가 없기 때문에 내 집처럼 편하게 느껴지고 안정적인 것이 큰 이점 중 하나라고 하겠다.

크루즈 객실 선택

:: 객실의 종류

크루즈 배의 객실(cabin/stateroom)은 Suite, Balcony, Oceanview, Inside(혹은 Interior)로 모두 4종류가 있다. 객실 종류에 따라서 요금 (cruise fare)이 크게 차이가 난다. Inside 객실이 가장 저렴하고, 다음 은 Oceanview 객실, Balcony 객실 순으로 비싸며, Suite 객실이 가장 비싸다. 나는 Suite 객실에 투숙한 경험은 없고, Balcony, Oceanview, Inside 객실에만 투숙했다.

Suite 객실은 배의 위층에 자리 잡고 있기 때문에 전망도 좋고, 넓고 호화롭게 꾸며져 있지만 파도가 강할 때는 아래층보다 진동 이 조금은 더 심하게 느껴지는 단점이 있다. Suite 객실은 요금이 비교적 부담스럽기 때문에 비행기 일등석처럼 경제적인 여유가 있 는 사람이나 신혼 여행객들이 주로 투숙한다.

Balcony 객실은 유리 미닫이문이 있으며, 미닫이문을 열면 바로 발코니로 나갈 수가 있고, 발코니에는 의자 두 개와 조그만 탁자 가 있다. 발코니 의자에 앉아서 신선한 바닷바람을 마음껏 들이키며 망망대해 환상의 아름다운 전경을 한없이 즐길 수가 있다. 밤 하늘에 가득 찬 반짝이는 별들은 마치 동화 속의 한 장면을 연상 케 한다. 날씨가 흐린 날은 칠흑 같은 암흑뿐이지만 거대한 크루 즈 배가 바다를 힘차게 가로질러 가는 장엄함은 전율을 느끼게 한 다. 이것이 바로 크루즈 여행의 무진한 매력 중 하나라고 할 수 있 겠다.

  가끔 옆 객실 투숙객이 발코니에 앉아서 담배를 피울 때가 있는 데 담배 연기를 싫어하는 사람에게는 아주 짜증스러울 수도 있다. 다른 투숙객이 옆 발코니에 있는 걸 모르고 큰소리로 대화할 때도 있다. 언젠가 발코니에 앉아서 쉬는데 옆 객실에 투숙한 여성분이 발코니에 나와서 내가 바로 옆에 있다는 걸 의식하지 못한 채, 미 국에 있는 자기 애인과 극히 사적인 대화를 계속했다. 대화 내용 이 듣기에 너무 민망스러워서 객실 안으로 들어와 버린 적도 있었 다. 이것 또한 크루즈 여행의 일면이라 할 수 있겠다.

Balcony 객실

Oceanview 객실(oceanview cabin, 혹은 oceanview stateroom)은 배 아래층에 자리 잡고 있으며 밖을 내다볼 수 있는 porthole이라 불리는 조그만 유리창이 있다. 비행기 객실에 흔히 window라고 불리는 유리창도 porthole이다. 아침에 일어나 커튼을 열면 객실 안으로 햇빛이 들어오고, 밖을 내다볼 수 있는 장점이 있다.

Oceanview 객실

Inside(Interior) 객실(inside cabin, interior stateroom)은 크루즈 배 안쪽 내부에 위치해 있기 때문에 유리창이 전혀 없다. 대부분의 사람들은 유리창이 없기 때문에 숨 막히게 답답하고 감옥에 갇혀있는 듯한 밀실 공포증을 느낄 거라 생각하는데 절대 그렇지 않다. 나는 여러 번 Inside 객실에 투숙했다. 크루즈 요금이 훨씬 저렴한 것이 큰 이점이라 하겠다.

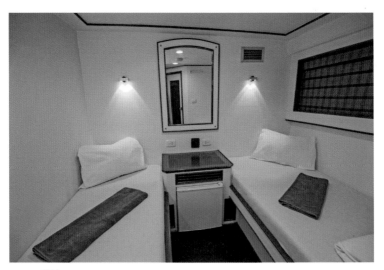

Inside 객실

배가 항행하는 동안 갖가지 행사들이 많기 때문에 거의 누구나 잠자는 시간 이외에 객실에서 보내는 시간은 얼마 되지 않는다. 바다를 보고 싶으면 여러 곳에 위치한 라운지나 Lido, 혹은 갑판 으로 나가면 오히려 더 편히 잘 볼 수가 있다. Sea day에 특별한 행사가 없다면 Lido에 올라가 창가 테이블에 앉아 커피나 차를 마 시며 시시각각 변하는 바다를 바라보면서 여유만만 시간을 즐기 는 맛은 완전히 환상이다. 이건 직접 경험하지 않으면 상상조차 하기 어려울 것 같다. 크루즈 및 육지여행을 하다 보면 창조주가 우리 인간에게 선물로 주신 신비스러운 자연계가 얼마나 위대하 고 아름답다는 것에 감탄하지 않을 수가 없다.

Balcony 객실은 interior 객실보다 대략 2배 이상 더 비싼 편이다. Balcony 객실에서 여러 번 머물며 크루즈를 했지만, 하루 30분 이상을 발코니에 나가 앉아 있었던 적이 없다. 추운 날에는 나가지도 못하니 많은 경우 발코니는 불필요한 공간이 되어 버릴 수가 있다. 인터넷 댓글을 보면 발코니를 선호하는 승객들도 많지만, 23년 동안 25번 크루즈를 하면서 첫 10년 동안은 발코니 객실에서만 크루즈를 했다는 어떤 여행객은 "발코니 사용을 시간당으로 계산하면 한 시간에 $80~$100을 주고 발코니를 빌리는 것인데, 이건 말도 안 된다."라고 했다. 나도 개인적으로는 이 여행객과 같은 생각이다. Balcony stateroom은 oceanview나 inside에 비해 훨씬 넓고, 소파와 balcony가 있기 때문에 객실 내에서 생활하기 편리한 건 분명하다. 이런 이유에서 balcony 객실을 선호하는 승객들도 무척 많다.

크루즈 여행객은 대부분 balcony, oceanview, inside(interior) 객실에 투숙하기 때문에 여기에 중점을 두고 설명하겠다. 모든 크루즈 배에는 balcony나 inside 객실보다는 oceanview 객실이 훨씬 많다. 나도 크루즈 여행을 하면서 약 60% 정도는 oceanview 객실에서 투숙했으며, 나머지 40%는 balcony 혹은 interior 객실에서 투숙했다.

: : 객실 요금의 차이

크루즈 예약을 하려면 맨 먼저 투숙할 객실을 결정해야 한다. 앞에서 설명했듯이 balcony보다는 oceanview와 inside 객실이 더 저렴하다. Oceanview와 inside 객실 중에서도 선내 위치에 따라서 비용(cruise fare)에 약간 차이가 있다. Mid-ship fore나 Mid-ship aft에 위치한 객실은 Mid-ship에 위치한 객실보다 약간 더 저렴하다.

크루즈 객실 요금은 비행기 요금보다 더 다양한 것 같다. 비행기와 마찬가지로 크루즈회사마다 요금이 다르고, 언제 예약하느냐에 따라 요금에 차이가 있다. 이해하기 쉽지 않겠지만, 비행기와는 달리 크루즈 요금은 어느 나라에서 예약하느냐에 따라서 무려 25% 정도까지 차이가 있다. 미국 내에서는 가 주(州)에 따라서 차이가 있으며, 55세 이상이나 군대에 복무한 경험이 있는 승객에게는 특별 할인도 조금씩 해준다.

인터넷상에서 2주간 지중해 크루즈 interior 객실을 택했는데 요금이 $2,000이라 가정하면 여기에 세금이 $550이라면, 총 크루즈 비용은 $2,550이 되는 것이다. 크루즈 선박 기항지가 다섯(5) 항구라면 비행기 공항세처럼 기항지마다 세금을 내야 하기 때문에 세금이 높을 수밖에 없다. 기항지가 일곱(7) 항구라면 당연히 세금을 더 부담해야 한다. 세금이 가장 높은 크루즈는 파나마 운하(Panama Canal) 크루즈일 것 같다. 선박의 크기 외 몇 가지 변수가 있지만, 대형 크루즈 선박은 파나마 운하 통행세를 미화 1백만 불에서 1백5십만 불 정도를 지불해야 한다. 이 통행세를 승객들이 부담해야하니 자연히 세금이 높게 나오는 것이다.

여행은 자유여행이건 단체 여행이건 우리 마음을 무척이나 설레게 한다. 나에게는 크루즈 여행처럼 마음을 설레게 하는 것은 없다. 지금 이 책을 집필하면서도 크루즈 여행을 상상만 하면 가슴이 부풀어 오르고 어린아이처럼 흥분이 된다.

크루즈는 세계 거의 모든 지역을 갈 수 있다고 보면 된다. 크루즈 목적지는 아시아/태평양, 알래스카, 바하마/카리브해, 북유럽, 지중해, 북극, 남극, 남미, 아이슬란드, 그린란드, 인도양, 하와이, 멕시코, 리비에라, 파나마 운하, 남태평양, 대서양, 환태평양, 영국 제도, 오스트레일리아/뉴질랜드, 그리고 세계 일주를 하는 World Cruise 등 다양하다. 크루즈 여행을 할 수 있는 루트는 천차만별, 수천 개가 넘는다. 여행자가 가고픈 크루즈 목적지(cruise destination)와 크루즈 여행 기간, 출발 날짜를 지정하지 않으면 크루즈 여행 루트나 일정은 아무도 말해줄 수가 없다.

인터넷이 요구하는 사항을 입력하면 크루즈 루트, 일정 및 비용을 알려주는 창이 나타나는데 여기서 객실(inside, oceanview, balcony, suite)을 선택할 수 있는 창으로 안내되며 객실 비용이 표시된다. 거의 대부분의 경우 표시된 비용으로 예약하는 것은 어렵고, 실제 비용은 더 높다는 것을 감안해야 한다. 자동차를 구입할 때 선전 가격보다는 고객이 지불하는 가격이 항상 더 높은 것과 비슷하다. 여행사 직원에게 예약을 의뢰했을 때 인터넷에 표시된 비용보다 높게 나오는 이유가 바로 여기에 있다. 이런 부분은 여행사 직원도 어찌할 수 없는 것임을 우리가 이해해야 한다.

국가에 따라서 크루즈 요금에 차이가 있다는 것을 설명하기 위해 실제 경험담을 들려 드리겠다. 몇 년 전에 캐나다 시민이신 지인과 크루즈를 함께 하기로 하고, 나는 미국에서 그분 부부는 캐나다에서 각각 여행사를 통해 거의 같은 위치 Interior에 예약했다. 놀랍게도 그분의 요금이 1인당 약 $650 정도 저렴했다. 너무도 큰 차이에 놀라지 않을 수가 없었다. 나도 그분들의 여행사 직원을 통해서 예약하려고 연락을 취했더니, 직원의 설명이 그 요금은 캐나다 시민에게만 해당해 비캐나다 시민에게는 그 금액으로 판매할 수 없으니 미국에서 구매하라는 것이었다. 왜 국가에 따라 요금에 차이가 있을까? 크루즈회사들의 사업/마케팅 전략인 것 같다.

많은 캐나다 국민들이 추운 날씨를 피해 따뜻한 곳으로 크루즈를 자주 즐겨 다니는 것으로 알려졌다. 크루즈를 다니다 보면 캐나다에서 오신 승객들을 많이 만나게 된다. CLIA(Cruise Lines International

Association, 국제크루즈협회)에 의하면 크루즈 승객의 최소 50% 이상은 북미 (미국, 캐나다) 사람들이기 때문에 이들에게 약간의 특혜를 베푸는 것을 충분히 이해할 수 있을 것 같다.

:: 객실 위치는 중요하지 않다

단체 관광처럼 크루즈는 객실에 2명이 투숙하는 것이 원칙이며, 인터넷에 뜨는 요금은 1명의 요금이기 때문에 2명이 함께 투숙하면 2배로 요금을 지불해야 한다. 만약 1명이 객실에 혼자 투숙한다 해도 크루즈 여행에서는 거의 2배의 요금을 부담해야 한다.

매우 드물긴 하지만 크루즈회사가 홀로 여행하는 사람들을 위해 할인하는 때가 있는데, 독방을 사용하면서 15%~45% 정도만 더 지불하면 되는 특별한 경우도 있다. 4~5명의 가족이 함께 투숙할 수 있는 객실도 있다. 이런 객실에는 보통 2층 침대가 2개 정도 설비돼 있다. 최근엔 홀로 여행하는 승객이 많아짐에 따라 1인 객실을 별도로 마련한 크루즈도 있다고 한다.

예약할 때 투숙할 객실의 위치를 여행자가 지정할 수 있는데, 이것 또한 국가에 따라서 인터넷상에 떠오르는 지정이 가능한 객실 위치나 수(數)가 일정하지 않다. 만약 예약할 때 본인이 직접 지정하지 않으면 크루즈회사가 임의로 지정한다. 크루즈회사들이 혼돈스럽게 왜 이렇게 해야 하는지 정확히는 알 수 없으나 이것도 사업마케팅 전략의 일부인 것 같다.

　객실의 위치를 매우 중요시하는 승객들도 있지만 별로 상관을 하지 않는 승객들도 있는데 일장일단이 있는 것 같다. Mid-ship 에 위치한 객실들이 거센 파도가 있을 때 진동이 적다고 알려졌지 만, 최근의 대형 cruise는 mid-ship이건 앞쪽, 뒤쪽이건 크게 차이 가 없는 것으로 알려졌다. Mid-ship 객실들은 어느 면에서 배 중 앙에 위치한 atrium이 가까워서 밤늦게까지 atrium에서 들려오는 음악 소리가 방해될 수도 있다. 추가로 비용을 지불하면 승객이 원하는 객실을 예약할 수도 있는데 추가 비용의 가치가 있을지 의 문이다.

객실 위치를 원하는 곳으로 추가 비용을 부담하면서 고르겠다고 하면, 인터넷상에서 원래는 보이지 않았던 객실이 갑자기 화면에 떠오른다. 여기서 고르면 되는데 이것도 크루즈회사들의 사업 마케팅 전략인 것 같다. 거듭 강조하지만, 발코니 객실에 계신 분들이 좋아 보일 수도 있겠지만, 비용의 차이만큼 가치가 없다는 것이 나의 개인적인 의견이며, 최근에 항행하는 대형 크루즈 선박은 객실의 위치가 별 의미가 없다는 것이 여러 승객들의 경험담이다. 개인적인 결정이겠지만 비용을 추가로 부담하면서까지 무리해서 객실을 고르려고 할 필요는 없을 것 같다. 위에 서술한 크루즈회사의 사업전략은 과거 몇 년을 반영한 것인데, 사업계획이나 전략은 시시각각 예고도 없이 바뀔 수가 있다는 것을 염두에 두면 좋을 것 같다.

단지 oceanview 객실이 가끔 유리창(porthole) 밖에 구명보트가 실려 있기 때문에 경치가 가려져 있을 수가 있다. 인터넷상에 "partially interfered view 혹은 obstructed view"라고 표기가 되어 있다. 이런 객실은 약간 저렴하다. 나도 "obstructed view" 객실에 투숙한 적이 몇 번 있었는데 소액이지만 비용 절약을 고려하면 불편하다고 느껴본 적이 없다. 크루즈하는 동안 객실 내 유리창 앞에 서서 밖을 얼마나 내다볼 시간적인 여유가 있을까? 밖을 내다보며 바닷바람을 즐기고 싶으면 Lido나 수영장이 있는 위층 deck이 최고다.

예약의 마지막 절차

:: 예약은 가능한 한 여행사를 통하라

크루즈 여행 경험을 바탕으로 여행사 크루즈 담당자를 통해 예약하길 추천하겠다. 크루즈 여행을 계획하고 계신 분들은 여행사 커미션 때문에 인터넷에서 직접 예약하는 것이 조금 더 저렴할 거로 생각하기 쉽다. 하지만 반드시 그렇지는 않다. 여행사와 크루즈회사 간에 우리가 알 수 없는 관계가 있을 수가 있다.

크루즈 요금은 보통 인터넷이나 여행사에 별 차이가 없지만, 여행사를 통해 예약할 때 몇 가지 이점이 있다. 만약 취소를 하거나 다른 변동 상황이 발생했을 경우 여행사에 문의하면 쉽게 해결되지만, 인터넷상으로 예약했을 때는 개인적으로 크루즈회사와 직접 해결해야 한다. 이런 경우 신경이 쓰이고 시간적으로도 어려움이 있을 수가 있다. 영어로 소통해야 하니 불편을 느낄 수도 있다. 가능하면 여행사를 통해 예약하는 것을 추천한다. 나의 경험으로는 미국 여행사를 통해서 예약할 때마다 $150~$200의 크레딧

(credit)을 여행사로부터 받았으니 그만큼 크루즈 비용도 절약할 수 있었다.

이해가 잘 안될 수도 있지만, 대부분의 경우 여행사를 통해 예약하는 것이 인터넷에서 직접 예약하는 것보다 더 저렴할 수 있다. 나는 이중 국적자(대한민국, 미국)이기 때문에 오래전부터 관계를 맺어온 미국여행사를 사용하지만, 한국여행사들도 크루즈에 관한 모든 업무를 친절히 잘 처리할 거라 확신한다. 앞에서 언급한 바대로 국가별로 요금제가 다를 수가 있어서 한국여행사를 통했을 때 약간의 차이가 있을 수가 있는데 이건 여행사하고는 무관하다. 주원인은 환율과 세율이 다르기 때문이다. 여행사에 커미션을 지불할 필요가 없으니, 크루즈회사의 입장에서는 승객이 인터넷에서 예약하는 것을 선호할 수밖에 없지만. 승객의 입장에서 보면 여행사를 통하는 것이 편하고 안정적일 수가 있다.

어린아이들을 위한 Disney Cruise라는 Walt Disney 회사의 크루즈가 있다. 2년 전 손주들과 자녀들을 모두 데리고 밴쿠버(Vancouver, Canada)에서 출발하는 8박 9일 알래스카(Alaska) 크루즈 여행을 하였다. Disney Cruise는 디즈니에서 운영하는 어린아이들을 위한 크루즈이기 때문에 선박 내부 실내 장식이나 모든 행사들이 디즈니랜드처럼 어린아이들과 부모들이 다 함께 즐길 수 있게 꾸며져 있다. 비용은 내가 전담하고 며느리에게 예약하도록 부탁했다. 대부분의 젊은이처럼 며느리는 비용을 절약할 수 있다는 생각으로 인터넷상에서 예약을 완료했다. 예약 후 예기치 않은 일이 생겨

Disney Cruise 회사와 연락을 취해야 했는데, 여러 차례 전화해도 전화를 받아주는 사람도 없고, 이메일을 보내도 묵묵부답인 상황이 발생해 버렸다. 결국은 어렵게라도 해결되어서 다행이었지만, 여행사 직원이었다면 전화 통화나 이메일로 쉽게 해결됐을 것 같다.

최근 인터넷상으로 예약하는 승객들이 많이 증가하고 있다. 예약을 완료하려면 비행기 여행처럼 몇 가지 개인정보를 제공해야 한다. 이름, 성별, 생년월일, 이메일주소, 전화번호 이외 크루즈 여행에서는 국적과 여권번호 등을 기입해야 한다. 비행기 예약과 달리 여권의 유효기간이 6개월 이하인 경우엔 크루즈 예약이 되지 않는다. 크루즈를 계획하는 독자들은 우선 여권의 유효기간이 충분함을 확인해야 한다.

:: 식당(dining room) 예약

크루즈 예약 절차의 마지막 단계에서는 저녁 식사 시간과 식당을 선택하게 되지만, 당장 예약하지 않아도 괜찮다. 시간을 두고 항행할 크루즈 배의 구조를 인터넷으로 잘 알아본 후 선호하는 식당과 식사 시간을 지정해서 크루즈회사의 앱(App)에서 별도로 dining 예약을 하면 된다.

크루즈 식당(dining room)은 보통 오후 5:30부터 손님을 받기 시작한다. 나는 저녁 식사를 빨리하는 편이기 때문에 6:00 예약을 주로 한다. 크루즈 배에는 식당이 4~5개 있는데 메뉴는 다 똑같다. 초대형 크루즈 배에는 식당이 10개 정도 있다고 한다. 2주 이상 크루즈 여행을 할 때 다른 식당들의 분위기를 경험하기 위해서 식당 2~3개를 골라서 예약하길 추천하겠다.

식당이 바뀌면 옆 테이블에 앉아 계시는 손님들도 바뀌게 되니 다양한 승객을 만나는 좋은 기회가 되기도 한다. 예약할 때 2명만 앉을 수 있는 private table(a table for 2)을 요청할 수도 있고, 다른 손님들과 함께 앉을 수 있는 Sharing a table을 요청할 수도 있다.

최근에 5주간 여행을 갔을 때 나는 처음 3주는 Vivaldi Dining Room, 다음 2주는 Pacific Moon Dining Room에서 저녁 식사를 했다. 어느 날은 private table, 다른 날은 다른 승객들과 함께 앉아 식사를 하면서 서로 사교를 할 좋은 기회를 갖기도 했다. 꼭 예약을 미리 해야 하는 것은 아니다. 예약을 안 했을 땐 아무 때나 5:30 이후에 가고픈 dining room에 가면 된다. 만약 빈자리가 없을 경우엔 다른 dining room으로 가면 되고 다른 dining room에도 자리가 없다면, 걱정할 필요는 없다. Lido에 위치한 buffet 식당으로 가면 멋있는 저녁 식사를 마음껏 즐길 수가 있다. Dining room 예약은 크루즈 하는 중에도 얼마든지 객실에서 App이나 TV 화면을 보면서 할 수가 있다. 가능한 한 dining room 예약은 미리 할 것을 추천한다.

크루즈호가 출발지에서 출항하면 크루즈회사는 승객 전원들의 국가별 분포를 정확히 파악할 수가 있다. 몇 년 전 멕시코-리비에라(Riviera) 크루즈 항행 중 저녁 식사를 하고 있는데 선장이 국가별 승객수를 발표했다. 한국인 44명이 승선하고 있다고 해서 기대 이상으로 많았다고 생각했는데 대부분은 로스앤젤레스와 미국 다른 지역, 그리고 캐나다 지역에 거주한 영주권 소유자 교민들이었다.

지난 20년 동안 크루즈 여행의 가장 큰 변화는 중국인 승객들이 놀라울 정도로 크게 증가했다는 것이다. CLIA 통계에 의하면 2012년 217,000명의 중국인이 크루즈 여행을 했으며, 코로나 팬데믹 직전 2019년엔 2.4백만의 중국인이 크루즈 여행을 했다. 팬데믹 직후 2022년에는 4백만 명을 초과했다니, 불과 10년 만에 거의 20배가 증가한 것이다. 수(數)에는 당할 수가 없는 모양이다. 중국인 승객이 많이 증가하다 보니 최근에는 크루즈 배 안의 안내문들이 중국어로 적혀 있는 것을 쉽게 볼 수가 있다.

반면에 한국 사회에는 아직 크루즈 바람이 중국처럼 크게 불어오지는 않고 있다. CLIA 통계는 2022년 총 29,000명의 한국 국적인이 크루즈 여행을 즐겼다고 하지만, 거의 대부분은 한국 국적을 지닌 해외 이민자들, 특히 미국과 캐나다 이민자라고 추정된다. 내가 크루즈 여행을 하면서 만난 한국인의 90% 이상은 미국과 캐나다에서 오신 교민이었다. 해외 이민자를 제외하면, 아직은 한국인 크루즈 여행자는 그다지 많다고는 볼 수가 없겠다. 그 이유는 제6장에서 설명하겠다.

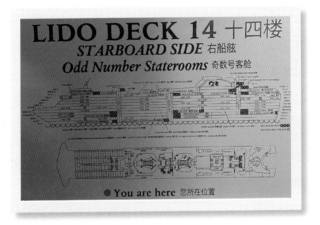

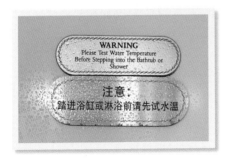

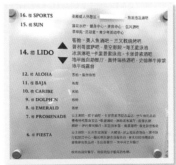

중국어로 된 안내판

크루즈 여행 기간과 추가 비용

:: 항행 기간에 따른 특징

　단체 여행처럼 크루즈 여행을 언제, 어디를 얼마나 오래 할 건지를 미리 알아야 중점적으로 그 기간에 맞는 크루즈를 검색할 수 있고 예약할 때 편리하다. 크루즈 기간은 짧게는 3~4일, 지금까지 알려진 가장 긴 기간의 크루즈는 만 3년(1,095일)이다. 3일~13일 기간의 크루즈는 짧은 크루즈, 14일~20일은 중간, 그리고 3주 이상의 크루즈는 긴 크루즈라고 한다.

　처음 크루즈를 하시는 분들께는 "맛보기" 식으로 짧은 크루즈를 하길 추천한다. 7박~10박 정도가 적절할 것 같다. 주말에 항행하는 3~4일간의 크루즈는 주로 10~30대 젊은이들이 많이 찾기 때문에 크루즈의 분위기가 젊은 층에는 신나고 좋겠지만, 40~50대 이상의 승객들은 꽤나 불편을 느끼고, 모처럼 즐기려 했던 크루즈 여행이 반드시 아름다운 추억이 될 수는 없으니, 이 점 참고하시길 바란다.

약 25년 전에 5일간 Mexico/Catalina 크루즈 여행을 했었는데 젊은 층이 50% 이상이었다. 어떤 면에서는 젊은 기분도 낼 수 있고 좋았으나, 전체적인 분위기가 너무 소란하고 혼잡해서 짜증스럽기도 했다. 물론 젊은이들은 이런 크루즈를 선호한다는 것을 충분히 이해한다. 크루즈 기간은 나이에 따라서 큰 차이가 난다. 젊은 층은 비용과 시간을 고려하면 긴 여행은 하기 어렵고, 짧은 기간의 크루즈 여행을 하는 비율이 월등히 높다. 장년층이나 은퇴하신 분들은 아무래도 시간적, 경제적인 여유가 있기 때문에 3주 이상의 긴 크루즈를 많이 한다. 짧은 크루즈와 긴 크루즈는 승객들의 나이에 차이가 있기 때문에 크루즈의 분위기나 크루즈 여행하는 동안 갖가지 행사의 내용과 성격에도 차이가 많이 있다.

7일 동안 크루즈를 한다면 꼭 7일이 소요되는 것이 아니라는 것을 미리 알아야 하겠다. 크루즈 선박을 타는 출발지 항구까지 가는데 하루, 크루즈가 끝나고 목적지 항구에 도착해서 집으로 돌아가는 데 하루를 잡아야 하므로 7일간 크루즈 여행을 하기 위해서는 최소 9일이라는 시간이 필요하다. 많은 승객이 출발지에 며칠 전에 미리 도착해서, 혹은 최종 목적지에 도착한 후 며칠 더 머물면서 그 지역을 자유여행을 하며 즐긴다. 나도 크루즈 여행할 때마다 출발지와 목적지에서 자유여행을 즐겼는데, 이것 또한 크루즈 여행의 멋인 것 같다. 내가 최근에 즐겼던 크루즈는 34박 35일을 항행했던 비교적 긴 크루즈였기 때문에 승객의 90%는 60대 이상 고령이었다. 젊은 층이 많은 7~8일을 항행하는 크루즈와는 분위기가 완전히 달랐다.

　앞에서 가장 긴 크루즈가 3년(1,075일)이라고 소개했다. 3년을 어떻게 배를 타고 다니면서 바다에서 살 수 있는지 의아해할 것 같다. 3년을 항행하면서 140개 국가와 382 기항지를 방문하는 Life at the Sea(lifeatseacruises.com) 크루즈는 최근에 손님을 모집하기 시작했는데 반응이 무척 좋고, 빠른 시간에 매진될 정도로 인기가 높았다고 한다. 항행하는 중 만약 한 달 동안 고향에 있는 집을 방문하고 싶다면, 크루즈회사에 통보하고 투숙하는 객실을 다른 사람에게 한 달 동안 (전)세를 내줄 수도 있다. 가족들의 방문도 허락되며, 물론 가족들의 비용을 지불해야 한다. 3년 동안 부엌에서 일할 필요도 없고, 청소나 빨래도 할 필요가 없이 파란 바다를 떠다니면서 이 세상 구석구석을 구경하며 마음껏 즐길 수가 있으니, 크루즈 맛을 아는 사람들에게는 보통 환상이 아닐 수가 없다. 크루즈 비용이 상당하겠지만, 미국 시민인 경우 세금 혜택도 받을 수가 있다. 크루즈 항행하는 3년 동안은 미국 시민이기 전에 국제 시민이라고 인정을 받고 세금을 줄일 수 있다고 한다.

　그러나, 불행히도 크루즈회사와 항행할 크루즈 선박 간에 계약상 문제가 발생해서 크루즈가 마지막 단계에서 취소가 돼버렸고 3년 크루즈는 실행되지 못했다. 모든 비용을 지불하고 환상의 크루즈 꿈에 부풀어 있던 많은 손님들은 크게 실망했다. 하지만 3년이라는 기나긴 크루즈가 상상 이외로 큰 인기를 모았고 짧은 시간에 매진이 될 수 있다는 사실이 증명됐기 때문에 조만간에 다른 회사가 비슷한 상품을 크루즈 여행자들에게 제공할 거라 믿는다. 3년이라는 크루즈 기간이 너무 길다고 생각이 되면, 훨씬 짧은 3~5개월 기간의 크루즈를 운행하는 몇몇 크루즈회사들이 있다. 나도 1~2년 이내에 4~5개월 기간의 크루즈를 하려고 계획하고 있다.

약 4개월 기간의 크루즈를 소개하자면, Princess 크루즈회사가 2025년 호주에서 출발하는 116일 기간의 크루즈가 있으며, 2025년 1월 말에 Ft. Lauderdale, Florida를 출항하는 133일 기간의 크루즈와 2026년 1월 말경 로스앤젤레스를 출항해서 52개 기항지를 방문하는 크루즈가 현재 손님을 모집하고 있다. 4~5개월 기간의 크루즈가 짧다고 느껴지는 승객들을 위해 9개월 동안 60개국을 항행하는 크루즈회사도 있다.

나는 처음 크루즈 여행을 시작할 때는 기간이 짧은 크루즈를 주로 했으며, 크루즈를 하면 할수록 크루즈의 매력에 빠져 기간을 점점 늘리기 시작했다. 지금은 주로 3주 이상의 크루즈만을 골라서 하고 있다. 3주 이하의 크루즈는 나에겐 너무 짧고 싱겁다는 느낌이 든다. 이건 내 자신뿐이 아니고, 크루즈 여행에 어느 정도 익숙하고 시간적인 여유가 있는 사람들은 거의 긴 크루즈 여행을 선호한다.

언젠가 5주간 크루즈를 한 적이 있었다. 많은 분이 깜짝 놀라면서 어떻게 5주를 계속 배를 타고 다닐 수가 있느냐, 지루하지 않았냐고 질문을 했다. 크루즈가 끝나고 최종 목적지 항구에 도착했을 때 나에게는 크루즈가 끝났다는 것이 너무 아쉽고 더 항행을 계속할 수 있기를 바라는 마음뿐이었다.

언급했던 바와 같이 22일간의 크루즈를 하려면 최소한 선박의 출발지, 목적지까지 오가는 시간을 합해서 24일이 필요하며, 자유 여행까지 포함하면 30일의 시간 여유가 있어야 한다. 이건 실질적으로 은퇴자들이 아니면 시간 면에서 어려운 상황일 것이다.

:: 크루즈 가격은 언제가 저렴할까?

크루즈 가격에 대해서 한 가지를 더 추가하겠다. 크루즈 일정은 보통 출항하기 2~3년 전부터 광고가 떠오르기 시작한다. 크루즈 배가 출항하는 날까지 2~3년 동안 크루즈회사는, 비행기 회사처럼, 가격 변동을 자주 한다. 누구든 가장 저렴하게 구매하고 싶겠지만 그 시각이 정확하게 언제인지는 알기 어렵다.

크루즈에 따라서 출항하기 2년 전이 1년 전보다 더 저렴할 수 있지만, 다른 크루즈는 반대일 수도 있다. 출항할 날이 가까워져 올수록 빈 객실을 채워야 해서 가격이 하락할 거라는 생각이 타당할 수도 있다. 하지만 조심해야 할 건 너무 오래 기다렸다간 크루즈가 매진될 수가 있으니 하고 싶은 크루즈 여행을 놓칠 수가 있다. 마지막 순간에 저렴한 가격으로 크루즈 예약은 됐지만 상대적으로 비싼 비행기 요금을 지불하게 되는 경우가 발생해서 별 득이 없었다는 승객들도 있다.

Last minute cruise(마지막 순간의 크루즈)라는 것이 있다. 크루즈가 출항하기 얼마 전에 나머지 객실을 염가로 파는 것이다. 언제라도 짐을 챙겨 여행을 떠날 준비가 되어 있는 사람들에겐 아주 좋은 기회일 수가 있다. 하지만, 크루즈가 이스탄불(Istanbul, Turkiye)에서 출항한다면 이스탄불까지 비행기 예약을 해야 하니 너무 벅차고, 예기치 못한 상황에 처할 수도 있다. 나는 거의 1년 전에, 아무리 늦어도 3개월 전에는 예약을 완료한다. 조마조마하지 않고 편안하게 여유 있는 여행을 하려면 최소 3개월 전까지 예약을 완료하길 추천하고 싶다.

흔한 경우는 아니지만 크루즈 출발일이 가까워져 오면서 가격이 상승할 때도 있다. 갑자기 기대 이상으로 여행객 수가 늘어나면 일어나는 현상이다. 수요가 늘어나면 가격이 오르는 것은 경제학에서 가장 기본적인 수요공급의 원칙이다. 약 6~7년 전 크리스마스에 출항하는 크루즈를 가려고 마지막까지 가격이 하락하길 기다리다 급한 김에 일주일 전에 발권하면서 거의 2배 가격을 지불해야 했던 경험이 있다. 혹을 떼려다 혹을 하나 더 붙인 격이 되어버린 것이다.

크루즈 가격 변동에 대해 개인적인 경험담으로 34박 35일 남아메리카 크루즈 여행을 출항하기 약 1년 6개월 전에 미국여행사를 통해서 예약을 완료했다. 크루즈는 국가에 따라서 요금제도가 다르고, 크루즈회사와 여행사 간의 관계도 다를 수가 있음을 앞에서 언급했다. 호기심에 내가 예약한 크루즈의 요금변동을 시간 나면 가끔씩 검색했는데, 어느 날 크루즈 출항 약 6개월 전의 가격이 거의 $1,000(약 130만 원)이나 하락한 것이었다. 잠깐 크루즈 회사가 염가 제공을 한 것이었다. 나는 곧 "밑져야 본전" 식으로 여행사 담당 직원에게 전화했다. 다음 날 가격을 조정한 후 2인 객실이었으니 거의 $2,000을 삭감해서 아무런 벌칙금도 없이 똑같은 객실에 새로 발행한 booking confirmation을 보내주는 것이었다. 여행사였기 때문에 쉽게 가능했겠지만, 인터넷상으로 직접 개인이 예약했다면 불가능했거나 무척 힘들었을 것이다.

냉장고를 구입했는데 나중에 가격이 하락했으니 차액을 반환해 달라고 요청할 수는 없는 것처럼, 크루즈도 그럴 수 없는 경우가 정상이다. 이런 경우 처음 예약을 취소하고 다시 예약할 수는 있다. 환불을 받을 때 예약 후 언제 취소하느냐에 따라 환불액이 80%, 50% 20%, 10% 등등 줄어든다. 크루즈 배가 출항하는 날이 가까울수록 환불액이 적어진다. 벌칙금이라는 표현은 사용하지 않지만, 실제는 예약취소 벌칙금을 내는 것이다.

크루즈회사 입장에서 보면 당연하고 합리적임을 이해해야 한다. 이미 예약이 되어 있는 객실은 다른 손님이 예약할 수도 없을 뿐 아니라, 크루즈회사나 여행사가 팔 수도 없는데, 출항 4개월 전에 취소하면 그만큼 다른 손님에게 판매할 가능성이 줄어들기 때문이다. 인터넷 조회는 참고로 해보지만, 예약은 가능한 한 경험이 있는 여행사 직원을 통해서 하는 것이 장점이 있을 수가 있다. 만약 크루즈회사가 가격 변동을 조정해 준다면, 환불을 해주기보다는 미래에 자사 크루즈를 예약할 때 사용할 수 있는 크레딧을 제공하는 경우가 많다.

예약금을 입금하고 예약이 완료되면 크루즈회사로부터 booking confirmation을 받게 된다. 크루즈 요금의 잔액은 booking confirmation에 제시된 날에 지불하면 크루즈 여행의 준비는 거의 다 된 거다. 대개는 크루즈 출항 3개월 전에 잔액을 지불하는 것이 통상적이다. 만약 출항하기 3개월 이내에 예약하는 경우엔 예약 후 곧 잔액을 지불하게 되어 있다.

크루즈 여행에 드는 경비

∷ 비용이 높을 거라는 선입견

많은 사람은 크루즈 여행 비용이 매우 높을 거라고 생각한다. 단체관광비용보다 훨씬 더 높을 거라 생각하는데 반드시 그렇지 않다는 것을 예를 들어 설명하겠다. 경우에 따라서는 단체관광보다 저렴할 수가 있다고 하면 독자들은 믿지 못할 것이다.

나는 2023년 4월에 Ruby Princess 배를 승선하고 알래스카 크루즈 여행을 했다.

- 출항지(embarkation): 샌프란시스코(San Francisco)
- 최종 목적지(disembarkation): 샌프란시스코
- 크루즈 기간: 10박 11일(2023년 4월 26일~ 2023년 5월 6일)
- 기항지: San Francisco, Juneau, Skagway, Glacier Bay, Sitka, Prince Rupert, San Francisco.
  Stateroom: 8층(Deck 8) Oceanview 객실
- 비용(cruise fare): $1,024, 세금(tax): $358
- 비용 + 세금 = $1,024 + $358 = $1,382

- 여행사 크레딧: $150
- 총 크루즈 비용(1명): $1,024 + $358 − $150 = $1,232
- 인천–샌프란시스코 간 왕복 항공료: $975
- 총 개인 부담(1명) = 총 크루즈 비용 + 항공료
  = $1,232 + $975 = $2,207.

나는 비용을 절약하기 위해 non-refundable fare(취소했을 때 환불받을 수 없는 것)를 선택했기 때문에 refundable fare(취소 시 환불받을 수 있는 것)에 비해 $300~400 정도를 절약했다. 여행사로부터 받은 크레딧 $150은 미국 시민으로서 미국여행사를 통해서 예약했기 때문에 가능했던 것이며, 한국여행사는 사정이 다를 수도 있다.

Oceanview 객실 총 개인 부담이 $2,207인데 여기엔 기항지 관광 비용이 포함돼 있지 않다. 기항지에서 자유관광을 한다면 큰 비용은 들지 않는다. 예를 들면, Skagway에서 2시간 30분 소요되는 White Pass & Yukon Railway 기차표가 약 $35(약 40,000원)이었다. 나머지 시간에는 Skagway 市와 부근을 거닐면서 알래스카 개척 시대의 역사와 발전 과정을 한눈으로 보고 배울 수가 있다. 10박 11일 총 크루즈 비용이 $2,207, 팁 $160을 추가하면 $2,367이기 때문에 하루에 약 $230가량이 되는 셈이다. 유럽 단체관광에도 안내자와 기사에게 하루 10~12유로 정도 팁을 지불한다.

크루즈 여행에서 먹는 하루 세 끼 음식의 질(質)은 5성 식당에 뒤지지 않는 수준이다. 특히 dining room의 저녁 식사는 5성 식당의

150,000~200,000원에 해당하는 수준이다. 식사 면에서는 단체관광하고는 비교할 수가 없다. 크루즈 배가 항행하는 동안 하루 종일 아침부터 저녁까지 쉴 틈 없이 진행되는 각종 행사와 저녁에 펼쳐지는 크루즈 쇼는 돈으로 환산하긴 어렵지만, 내 짐작으로는 거뜬히 200,000원의 가치가 충분히 있다고 보겠다. 기항지에서 하선을 하면, 단체관광처럼 강행을 하지 않고, 여유 있게 자유여행을 즐길 수가 있으니 크루즈 여행에 한 번 맛을 들인 사람들은 계속해서 크루즈를 하고 싶어하는 것이다.

기후 관계로 알래스카 크루즈 시즌은 4월 말부터 10월 말까지며, 남극 크루즈 시즌은 11월에서 2월까지다. 전반적으로 크리스마스(12월 24일, 25일)와 연말(12월 30일, 31일, 1월 1일)이 포함된 크루즈의 비용이 더 높다. 많은 승객이 12월 연말 휴가를 이용해서 크루즈 여행을 하려고 하기 때문이다. 망년의 흥을 내면서 승객들을 즐겁게 해주기 위해 모든 크루즈회사들은 훨씬 더 훌륭한 신나고 흥미진진한 프로그램을 준비한다. 승객들이 크루즈 여행으로 한 해를 잊지못할 추억을 만들면서 마무리하도록 최선의 노력을 한다. 나도 그간 크리스마스와 연말을 포함한 크루즈 여행을 7~8번 했는데 즐거운 추억이 많아 매년 연말이 오면 크루즈 여행이 하고 싶어진다.

:: 여행자 보험은 개인적으로

크루즈 예약 마지막 부분에 보험에 대한 문의 사항이 나온다. 단체 관광 육지여행 보험과 거의 유사한 것인데, 여행 중에 일어날 수가 있는 불상사에 대한 보험이다. 보험을 들었을 때 가장 이상적인 사항은 보험의 혜택을 받게 될 만한 사건이 발생하지 않는 것이다. 이런 여행자 보험의 혜택을 받을 수 있는 사항은 대체로 실제 일어날 확률이 매우 낮다. 하지만 만약을 대비해서 보험에 가입하는 것도 현명하다고 생각한다.

여행을 하다 보면 주변에서 여러 가지 크고 작은 사고가 발생하는 것을 볼 수가 있다. 극단적으로는 크루즈 출항이 취소될 수도 있고 기항지 관광 중 도난 사건, 높은 데서 떨어지며 골절이나 타박상을 당하는 것 등이다. 나는 크루즈 보험에 가입해 본 적이 없다. 다행히 지금까지 보험이 필요한 사건이나 상황을 경험한 적은 없었다. 하지만, 큰 모험을 했던 것 같다. 앞으로는 크루즈 보험에 꼭 가입하려고 생각하고 있다. 보험료는 보통 $300 정도인 것 같다. 단체 관광에서는 관광회사가 손님들을 위해 단체 보험을 가입하는 경우가 많지만, 크루즈는 그런 혜택이 없고 승객이 별도로 가입해야 한다.

크루즈 직원에게 팁을 왜 줘야 할까?

아직 언급하지 않은 추가 비용이 있다. 바로 크루즈 배에서 땀 흘리며 열심히 일하는 직원들에게 주는 팁이다. 미국, 캐나다, 다른 유럽 국가들과 달리 팁 문화에 익숙지 않은 우리는 팁의 개념을 잘 이해도 못하고, 오해할 때도 있고, 오해를 받을 때도 있다. 영어로는 tip 혹은 gratuity라고 하는데 호텔이나 식당에서 주로 팁을 주게 되는 경우가 많다.

크루즈를 즐기는 동안 여행객들이 매일 접촉하는 cabin crew(혹은 cabin steward, 선박 직원)는 객실 청소부와 웨이터 같은 식당 직원이다. 무슨 일이 됐건 선박에서 하는 일들이 무척 힘들다고 알려져 있지만, 특히 객실 청소나 식당 일들은 아주 힘든 일이다. 학생 시절에 나도 호텔에서 객실 청소도 했고, 식당에서 웨이터나 접시닦이, 공사판에서 갖가지 일을 해보았지만, 제일 힘들었던 건 객실 청소와 식당 일이었다. 이들은 수입의 거의 100%를 승객들의 팁에 의존하고 있다. 과거에는 승객 개개인이 크루즈가 끝날 무렵 cabin crew에게 팁을 줬지만, 최근에는 크루즈회사가 자동으로 팁을 승객들의 신용카드에 청구한다.

팁은 얼마나 줘야 하나? 거의 모든 크루즈회사가 하루 1인당 2023년 기준으로 평균 $16~17, 즉 객실당 하루 $32~34를 청구하기 때문에 10박 크루즈 여행할 경우 객실당 총 $320~340을 청구한다. 팁은 의무적인 것이 아니기 때문에 항해 중 아무 때나 고객센터에 가서 팁 청구를 거부할 수가 있긴 하지만, 이런 승객은 아마 없을 것 같다. 우선 팁 청구를 거절할 수 있다는 것을 알고 있는 승객은 별로 없다. 조금이라도 이들에게 감사의 뜻을 표하는 의미에서 팁을 주는 것은 적절하다고 보겠다. 최근 보도에 의하면, 크루즈회사들이 crew에게 주는 팁을 약간 인상했다고 한다. 승객들이 지불하는 모든 팁을 모아서 크루즈회사는 직원들에게 자기들의 공식에 따라 분배한다.

많은 사람이 질문을 한다. "우리가 음식값을 계산하고 식당 주인으로부터 급여를 받는데, 왜 고객이 팁을 따로 줘야 하느냐?" 틀린 말은 아니다. 개념과 전통의 차이다. 고객에게 직접적으로 호의나 서비스를 베풀어 주는 사람에게 고객이 감사를 표시하는 것, 혹은 만족스럽고 적절한 시간 내에 서비스를 제공해 주기를 기대하는 것을 "돈"으로 표시하는 것이 팁의 개념이다.

또한 미국, 한국 및 여러 나라들은 노동법에 의해 최저임금제도라는 것이 있지만, 크루즈 선박들이 등록되어 있는 국가에는 최저임금 규정이란 것이 없다. 크루즈 직원들이 착취당하고 있지 않느냐고 비난을 하는 사람들도 있다. 하루 10~12시간, 쉬는 날도 없이 일주일에 7일을 적절한 보상도 없이 계속 일을 하고 있는 크루즈 직원들은 누가 봐도 착취를 당하고 있는 건 분명한 것 같다.

10일 동안 크루즈를 하면서 $160의 팁이 부담스럽게 느껴지는 승객들도 있을 거라 생각한다. 크루즈 여행을 하는 동안 승객들이 가장 많이 접촉하고 직접적으로 도움을 많이 받는 크루즈 배 종업원들은 객실 청소를 하는 cabin steward와 dining room에서 일을 하는 웨이터들이다. 하루에 $16~17씩 팁이 자동으로 지불되지만, 열심히 땀 흘리며 일하는 이분들에게 감사의 뜻으로 팁을 더 주면 이들에게는 큰 힘이 되고 매우 고마워한다.

$16~17의 팁은 매일매일 누적된다. 승객들이 이 사실을 알면 깜짝 놀라겠지만, 크루즈 첫날에도 팁이 지불된다. 그러니까, 첫날에는 승객이 승선하기도 전에 팁이 빠져나간다는 말이 되겠다. 대부분의 승객들은 이 사실을 모르고 있다. 즉 이런 생각을 못 하고 있다. 모르는 게 약이 될 수도 있다. 팁 주는 것을 아까워하지 않기를 바란다.

TIP(팁)은 "To Insure Promptitude"의 약자이다. "로마에 가면 로마의 법을 따르라." 우리가 많이 들어본 말이다. 해외여행을 다닐 때는 팁의 개념을 잘 이해하고 후하게 팁을 주는 것이 좋다. 한국인들은 팁도 줄 줄 모르는 인색한 사람들이라는 인상을 남기는 것은 다음에 여행하는 한국인들이나 우리 후세들에게 상당히 불이익이 된다.

팁을 지출로 생각하지 말고, 고마움의 표현이라고 생각하는 것이 올바른 태도일 것 같다. 팁을 다음 한국인을 위한 확실한 득이 되는 투자라고 생각하길 바란다. 이렇게 하면서 우리는 한국인들에 대한 좋은 인상을 다른 사람들의 가슴속에 심어주는 것이다. 좋은 인상은 국제무대에서 우리 국가의 재산이 된다.

크루즈 객실 room service가 무료인 크루즈도 있고, 비용을 받는 크루즈도 있다. 크루즈 App이나 Guest Service에 전화로 문의하면 확인할 수 있다. Room service 배달이 왔을 때 $1~2정도 팁을 주는 것이 좋겠다. 크루즈회사를 통해서 관광버스(shore excursion)를 탔을 때 관광 안내자에게도 $5~20 정도 팁을 주길 추천한다. 웨이터, 객실 청소부, porter 등 고객으로부터 팁을 받는 위치에 있는 사람들은 그 업소에서 가장 저임금을 받으며, 가장 힘든 일을 하는 사람들이다.

나는 학생 때 식당 일을 많이 하면서 팁에 의존해서 생활했다. 그러므로 팁의 고마움과 무서운 힘을 잘 알고 있다. 학비를 내는 데 팁으로부터 큰 도움을 받았기에 팁에 의지하면서 열심히 땀 흘리며 일하고 있는 크루즈 직원들을 충분히 이해한다.

학생 때 여름 방학 동안 뉴욕시에서 도어맨(doorman)으로 일을 했던 적이 있었다. 내가 도어맨으로 일했던 아파트 건물 입주자 한 분이 뉴욕시의 문화담당위원(commissioner of cultural affairs)을 지낸 Dore Shary란 분이었다. 나는 방학이 끝나고 새 학기가 시작되어 뉴욕을 떠났는데 Dore Shary 씨는 고맙게도 팁 $5를 나에게 우편으로 보내주셨다. 이미 세상을 떠나셨지만, 그분의 정성과 고마움을 나는 지금도 기억하면서 가끔 감사를 표하고 있다. 약소한 $5의 정성이 어떤 사람에게는 수십 년 동안 고마워할 정도로 귀한 큰 선물이 될 수가 있다. 크루즈 여행을 하면서 가장 가까이 접촉하고 자주 대면하는 직원이 객실 청소를 해주는 cabin steward와 dining room 웨이터들임을 기억하기 바란다. 이들은 크루즈 배에서 가장 힘든 일을 하고 있는 직원들이다.

다만 팁을 줘서는 안 되는 사람들이 있다. 크루즈를 하는 동안 하얀 유니폼을 입고 다니는 직원을 보게 될 것이다. 크루즈 배의 "officer"들이며, 한국식으로 하면 크루즈의 정규직 직원들이다. 선장도 정규직이다. Officer 이외 모든 직원은 비정규직이다. 정규직 직원에게 팁을 주면 그들은 고마워하기보다 모욕으로 생각할 수도 있다.

비싼데 누가 타냐고?
30분 만에 매진되는 고가 크루즈

크루즈 여행은 비교적 저렴한 저가 크루즈(budget cruise)와 고가 크루즈(luxuary cruise)가 있다. 지금까지는 저가 크루즈에 대해서만 설명했다. 고가 크루즈는 저가 크루즈에 비해 3~6배 이상 더 비싸며 크루즈 배도 작은 편이다. 승객수가 많아야 1,000명 정도이며 적게는 총 승객수가 100명 정도인 크루즈도 있다.

고가이기 때문에 크루즈 항행하는 중 승객들은 최고급의 음식에 최고급의 서비스를 받는다. 예를 들어, 저가 크루즈에서는 마사지를 받았을 때 승객이 비용을 부담해야 하지만, 고가 크루즈는 무료로 서비스해 준다. 마사지를 해주는 안마사(masseuse)의 수준도 차이가 있을 거라 생각한다. 갖가지 예능 프로그램에도 좀 더 수준 높은 연예인들이 등장할 것이며 무대도 무척 화려할 거라 생각한다. 잘 알려진 고가 크루즈회사 몇 개를 소개하겠다.

- Crystal Cruises
- Ponant Cruise Line
- Regent Seven Seas
- Seabourn Cruise
- Silversea Cruise

  사람마다 가치관이 다르고 크루즈 여행 목적이 다르겠지만, 하루 세 끼 이상을 어찌 매일 먹을 수가 있으며, 무료이긴 하지만 랍스터(lobster)나 필레미뇽(filet mignon) 식사를 어떻게 하루 2~3번씩 먹을 수가 있겠는가? 아무리 진수성찬이라 해도 먹는 데는 누구에게나 한계가 있는 법이 아니겠는가? 검소하고 실용적인 가정환경에서 자란 사람으로서 나는 기능과 목적 달성에 차이가 없다면 저가를 선호하는 사람이다. 나 같은 사람에게는 명품 가방이 별 의미도 없고 가치 부여도 하지 않지만, 명품에 가치를 부여하고 행복해하는 분들의 생활 태도를 충분히 인정하고 이해는 한다.

  저가 크루즈 Princess 배를 타고 항행하면서 과거에 3년 동안 고가 크루즈회사 Seabourn Cruise에서 일했었다는 필리핀인 직원을 만난 적이 있다. 호기심에 몇 가지 질문을 했는데, 필리핀 직원의 경험을 통해서 내린 결론은 5배 이상의 비용을 부담하면서 고가 크루즈를 할 가치는 나에게는 없을 것 같다. 이건 어디까지나 나의 개인적인 생각이라는 것을 강조하겠다. 직접 경험이 없기 때문에 고가 크루즈에 대해선 더 이상 도움될 만한 정보나 언급을 할 수 없으니 안타깝다. 고가 크루즈에 관심이 있으신 분들은 앞에 소개한 고가 크루즈회사 홈페이지(Website)를 방문하길 바란다.

2025년 초 미국 마이애미(Miami)를 출항해서 180일 동안 43개국 108 기항지를 항행하는 고가 크루즈 Oceania cruise 회사가 이 상품을 소개하자마자 불과 30분 이내에 매진이 되었다고 한다. 고가 Oceania 크루즈 선박은 승객의 정원이 1,250명 정도인데 아무리 생각해도 30분 이내에 매진이 됐다는 사실을 믿기가 어렵지만, 이 세상에는 시간적, 경제적으로 여유가 있는 크루즈 여행을 무척이나 즐기는 사람들이 상상외로 많은 것 같다. Oceanic 크루즈회사는 2026년에 출항하는 비슷한 상품을 곧 소개할 계획이라고 한다.

또 다른 고가 크루즈회사 Regent Seven Seas가 2027년 초에 미국 마이애미를 출발해서 140일 동안 40개국 71기항지를 방문하는 크루즈 여행 상품을 최근에 소개했다. 140일 동안 크루즈를 하면서 세계 일주를 하는 것이다. 가격은 1인당 제일 저렴한 $91,500에서 제일 가격이 높은 $840,000까지 다양하다.

크루즈는 객실당 2인이 투숙하는 것이 기본이기 때문에 실제로 가장 저렴한 interior 객실이 $183,000(약 2억 6천만 원)이며, 제일 비싼 suite 객실은 무려 $1,680,000, 한화로 치면 22억 5천만 원이 된다 (환율 1,345원: $1 기준). Suite 객실에서 140일 동안 크루즈를 하는 비용이 상상을 초월하는 22억 8천만 원이 되는 것이다. 이건 서울 강남에 위치한 아파트 한 채 값이다.

더 놀라운 사실은 이런 고가 크루즈가 쉽게 매진된다는 것이다. Suite 객실에 투숙하는 승객들은 처음부터 끝까지 로마 시대 황제들도 부러워할 만한 대접을 받는다고 한다. 크루즈의 매력에 빠진 경제적인 여유가 있는 부유층 여행객들은 큰 부담을 느끼지 않고 이런 고가 크루즈를 즐길 수도 있겠다는 생각을 해본다.

승선(embarkation) 준비와
check-in 절차

크루즈 배가 출항하기 약 1달 전에 크루즈회사는 모든 승객에게 luggage tag(짐 꼬리표)를 예약된 승객 명의로 이메일을 통해서 보내준다. Luggage tag에는 승객의 성명과 선박 이름 및 출발지 항구와 출항 시각, 객실 번호가 적혀 있다. Luggage tag를 출력하면 된다. 일단 유사시를 위해 나는 언제나 2장을 복사해서 가방에 보관한다. 짐 꼬리표를 안전하게 보호하기 위해 비행기 여행 가방에 붙이는 꼬리표처럼 플라스틱으로 된 luggage tag holder를 사용해도 좋겠다.

짐 꼬리표를 출력했으니 이젠 크루즈 여행을 떠날 준비는 거의 완료가 된 셈이다.

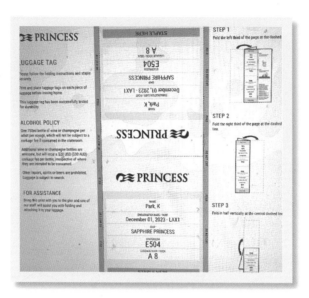

luggage tag

크루즈가 영국 사우샘프턴(Southampton)에서 출항한다고 가정하면 런던까지 비행기로 크루즈가 출발하는 당일 아침에 도착하면 입국 수속을 끝내고 짐을 회수한 후 대개는 기차를 타고 Southampton cruise terminal까지 이동할 생각을 할 거라 본다. 모든 일정이 계획대로 진행이 된다면, 별문제가 없겠지만, 예기치 못한 일이 발생할 수도 있다.

지난달 인천에서 미국 로스앤젤레스에 갔었다. 인천 출발 전날 저녁에 항공회사로부터 비행기 출발시간이 4시간 20분 지연이 된다는 문자와 이메일이 왔다. 4시간 20분 지연이 된다는 것은 로스앤젤레스 도착시간이 그만큼 늦어진다는 말이 되겠다. 출항지에 4시간 이상 늦게 도착한다면 크루즈를 놓칠 확률이 높다. 이 얼마나 황당한 상황이겠는가? 마음의 여유를 가지고 여행을 하기 위해 1~2일 전에 출항지에 미리 도착해서 하루 이틀 그 지역을 구경하도록 추천하겠다. 크루즈 배를 놓치면 환불이란 것도 없다.

런던에서 사우샘프턴까지 기차로 1시간 10분 정도 걸린다. 런던공항에서 기차역까지 이동해야 하며 Southampton Central Station에 도착하면 cruise terminal까지 3~4km를 또 이동해야 한다. 이런 경우엔 런던공항에서 택시로 직접 cruise terminal까지 이동하는 것이 가장 편하고 현명한 방법이라 생각한다.

Cruise terminal에는 4,000명 이상의 승객이 모여 승선 check-in 수속을 하게 된다. 승선 수속은 거의 대부분 현지 시각 낮 12시부터 시작하기 때문에 오후 4시에 출항하는 크루즈 승객들을 짧은

시간 내에 check-in 수속을 하려면 엄청나게 북적이고 혼란스러울 수밖에 없다. 혼잡함을 피하기 위해 크루즈회사가 미리 승객들의 check-in 시간을 지정해서 이메일로 알려준다. Cruise terminal에 일찍 도착한 승객을 지정된 시간보다 더 빨리 check-in을 해주지 않기 때문에 기다려야만 한다. 사실 오후 3시까지는 승객들의 수속이 끝나고 승선을 완료해야 한다.

 승선 수속 첫 단계가 짐을 check-in 하는 것이다. 그때 직원에게 luggage tag를 제출하면 직원이 짐에 tag를 붙여주며, 공항에서처럼 보안 점검 후 객실 문 앞으로 배달이 된다. Tag를 붙여주는 직원에게 $1~2(미국에서는 $5) 정도 팁을 주는 것이 좋겠다. 개인적인 입장에서 해외여행은 가장 기본적인 국제화 활동이라 하겠다. 그 나라의 팁 문화를 이해하고 한국인으로서 적절히 행동하는 것도 어느 면에서는 국가에 보탬이 될 것도 같다. 미국 유학 시절에

환상을 현실로 바꾸는 & 크루즈 여행의 매력

최저임금을 받으면서 접시 닦기, 청소부, 버스보이(busboy), 웨이터를 해본 경험이 있는 나는 이런 일을 하는 사람들에게 팁이 얼마나 귀한 존재라는 것을 누구보다 더 잘 알고 있다.

Cruise terminal에서 check-in 절차는 생각보다 오래 걸리며, 피곤한 여행객들을 더 피곤하고 지루하게 할 때가 많다. 어딜 가든 능률적이고 신속하게 일을 처리하는 한국 직원들과 한국 정서에 익숙한 우리에게는 더욱더 지루하고 짜증스러울 때가 있다. 좁은 사무실 안에서 분주히 뛰어다니면서 일사천리로 일을 빨리 처리해 주는 곳은 한국밖에 없을 것 같다. 다른 나라 정서에는 100명이 기다리건 1,000명이 기다리건 "빨리빨리"라는 것이 없다. cruise terminal에서 check-in을 할 때마다 "한국 직원들이라면 일하는 속도가 2~3배 이상 빠를 텐데."라는 생각을 수없이 많이 했다.

Cruise terminal 안에는 화장실은 있지만, 식당이나 편의점이 거의 없으니 간단한 간식이나 마실 음료수를 준비하는 것도 좋겠다. Check-in이 끝나면 종업원의 안내로 공항처럼 검열대를 지나가야 하며, 검열이 끝나면 드디어 승선을 하게 된다. 승선 직전에 사진사들이 승객을 환영하면서 기념사진을 찍으라고 권하지만, 응할 필요는 없고, 싫으면 "No, thank you."라고 하면서 그냥 지나치거나, 본인의 휴대전화기로 찍으면 된다.

Cruise terminal에서 승객들이 check-in 한 4,000~5,000개 이상의 짐을 옮겨야 하니 시간이 걸리는 것은 당연하다. 객실에 손님이 도착하기 전에 luggage가 배달되는 경우는 드물고, 입실 후 얼마 동안을 기다려야 한다. 옆 객실에는 짐들이 이미 배달이 된 것 같은데 한참을 더 기다려도 짐이 오질 않을 때는 직원에게 보고해야 한다. 승객들과 직접 접촉을 자주 하는 cabin crew(cabin steward)는 손님들께 최고의 친절을 베풀고 편하게 모시도록 훈련이 잘돼있다. 입실을 한 후 짐이 도착할 때까지는 객실 안에서 별로 할 일이 없다. 칫솔, 치약이 없으니, 이를 닦을 수도 없다. 이 기회에 TV에서 안전 수칙을 시청한 후, Lido에 있는 Buffet(cafeteria) 식당에 올라가서 간단한 간식을 하는 것도 좋겠다.

챙겨야 할 물품들

크루즈 여행을 하다 보면 상상도 못 했던 것들이 필요해질 때가 많다. 육지 관광을 떠나기 전에 여행사로부터 챙겨야 할 물품들에 대해 안내문이 온다. 이와 비슷하게 나의 경험을 통해서 도움이 될 만한 품목을 몇 가지 적어보겠다.

육지 여행과 달리 크루즈 여행 중에는 필요한 물건을 기항지에 도착한 후 가게를 직접 찾아가기 전까지는 구입하기 어렵다. 배 안에서 구입할 수 있다고 해도 가격이 훨씬 비싸고 다양하지 않다. 아무리 사소한 것이지만, 여행 중에 없으면 큰 불편을 느낄 때가 있다.

첫 번째, 제일 중요한 것은 약품

의사가 처방해 준 약은 물론이겠지만, 소화제, 감기약, 아스피린, 타이레놀(Tylenol), 설사약, 반창고, 밴드에이드(band-aids), 조그만 가위, 멀미약, 마스크 등, 그리고 모기가 많은 지역을 여행할 때는 모기약을 꼭 챙겨야 한다.

두 번째, 관광지에 따라 우비, 우산, 손부채, 털모자, 장갑

손부채는 더운 여름철에 걸어서 관광할 때 큰 도움이 된다. 남극 크루즈 기항지인 포클랜드 제도의 스탠리(Stanley, Falkland Islands)를 여행 갔던 호주 부부가 들려준 경험담이다. 집에서 장갑을 챙겨오는 걸 잊어버렸는데 손이 너무 시려서 스탠리 어느 상점에서 장갑을 샀다. 밖에 나와서 보니 "Made in China"여서 두 분이 크게 웃었다고 한다. 중국에서 멀리 떨어진 인구 2,000명도 안 되는 조그마한 마을인 스탠리가 영국영토이기 때문에 당연히 Made in UK, 영국 제품일 거로 생각했었다는 것이다.

세 번째, 간식거리

기항지에서 관광하다 보면 허기는 지는데 적절한 가게가 주변에 없을 때가 있다. 크루즈 여행이건 육지 단체관광이건 나는 항상 출발 전에 간식거리를 충분히 준비한다.

네 번째, 3주 이상 긴 크루즈를 할 때는 세탁비누, 충분한 양의 치약, 손톱깎이, 면도기, 실과 바늘

치약이 떨어졌는데 크루즈 배 상점에도 절품이 된 경우 난감할 수가 있다. 실과 바늘, 치약, 칫솔은 호텔 객실에는 손님들의 편의를 위해 배치되어 있지만, 크루즈 객실에는 없다.

다섯 번째, 따뜻한 옷

한여름에도 바닷바람은 밤엔 꽤 춥게 느껴진다. 크루즈 선박은 여러 나라를 항행하기 때문에 하루하루 날씨 차이가 많을 수 있다. 여름에 더운 지역을 항행한다 해도 따뜻한 잠바 하나 정도는 챙기는 것이 좋다. 언젠가 지인이 7~8월에 30일 동안 서부유럽 여행을 갔다. 아무리 여름이지만 혹시 모르니 따뜻한 잠바를 챙기라고 권했지만, 무더운 여름이고 짐이 많아진다고 챙기질 않았다. 하지만 독일 여행 중 비바람이 부는 바람에 너무도 추워서 이틀 동안을 벌벌 떨었다고 한다. 여행하면서 옷 가게를 찾아가 여름철에 잠바를 산다는 것은 말처럼 쉽지 않다. 필요 없으면 안 입으면 되지만, 없으면 추운 날씨엔 벌벌 떨면서 고난의 여행길이 되어버릴 수가 있다.

여섯째, 물병(Re-usable water bottle)

가는 곳마다 마실 물을 살 수 있는데 왜 물병을 챙겨야 할까? 라고 질문하는 분들이 있겠다. 어딜 가던 관광지에서는 쉽게 생수병을 구입할 수 있지만 여행하다 보면 물이 필요한데 주변에 물을 파는 가게를 찾을 수가 없을 때가 있다. 배가 고팠을 때 먹을 음식보다는 목이 말랐을 때 생수가 더 중요하다. Lido에 있는 buffet 식당을 가면 얼마든지 물병에 물을 채워 갈 수가 있다.

일곱째, 기항지에서 관광할 때 buffet 식당에서 점심을 준비

점심을 포장할 포장지를 가져오는 것도 큰 도움이 된다. 크루즈 배 식당에서는 승객을 위해 샌드위치 백(sandwich bag)이나 포장지가 준비되어 있지 않다.

여덟째, 현금, 신용카드

해외여행을 하면서 현금이나 신용카드를 챙기지 않는 사람은 없을 것이다. 다만 한국 여행객들은 현금을 너무 많이 지니고 다닌다는 생각이 든다. 요즘은 세계 어디를 가든 신용카드로 거의 모든 것을 결제할 수가 있다. 조그마한 구멍가게나 카페 및 관광지 입장료도 카드 결제가 거의 모두 가능하다. 사람마다 생각이 다르겠지만, 나는 5일 동안 필요한 호텔, 음식, 교통비 정도의 현금만 챙긴다. 관광지 국가에 입국할 때마다 현지 화폐로 환전하는 것도 여간 불편한 것이 아니다. 다행히 최근엔 미화(US 달러)와 유로만으로 현지에서 현금으로 유통되고 쉽게 사용할 수가 있다. 방문한 국가를 떠날 때 조금 남은 현지 국가의 화폐를 처리하는 것도 불편하고 귀찮게 느껴질 때가 있어서 나는 주로 신용카드, 미화, 유로를 사용한다.

지금까지 챙기면 도움될 만한 소지품 소개를 했으니, 자제하면 좋은 것에 대해 언급하겠다. 무척 조심스럽긴 한데 우리 한국 사람 모두를 위한 것이니 솔직하게 언급하는 것이 도움이 될 것 같다.

그간 세계 곳곳에서 모인 사람들을 이곳저곳에서 많이 만나 보았다. 한국인처럼 자국민의 음식에 깊은 애착심을 갖고 있는 사람들은 없을 것 같다. 60~70년대에 미국에 이민 온 교민이나 유학생은 그 당시엔 미국 사회에서 구하기 어려운 김치를 먹고 싶어 김치 꿈을 꾸곤 했었다고 한다. 내가 만난 한국 관광객 대부분이

해외 여행길에 김치, 고추장, 김, 깻잎 등 한국 반찬을 꾸려서 다녔다. 인도 사람들이 해외여행을 하면서 카레(curry)를 챙겨 다닌다는 말을 들어본 적이 없다. 문제는 한국 음식에서 흘러나오는 냄새가 다른 나라 사람들에게는 익숙하지 못한 특이한 냄새라는 점이다. 한국 음식이 세계적으로 알려지고 주목을 받고 있다는 것은 자랑스러운 일이나, 아직도 대부분의 세계 인구는 한국 음식을 구경도 못 하고 있다.

10여 년 전에 크루즈를 즐기면서 Lido에 있는 buffet 식당에서 식사하고 있었다. 동양인 4명이 내가 앉아 있던 곳에서 약 5미터 거리 식탁에 둘러앉아 식사하고 있었다. 미국인들이 지나가면서 "무슨 냄새가 이렇게 지독해"라고 얼굴을 찌푸리며 큰소리를 내는 것이었다. 곧이어 다른 승객들이 지나가면서 "아이구 냄새야" 하며 힐난했고, 어떤 여자분은 손으로 코를 잡고 지나가는 것이었다. 이때 한국분들이 김치를 꺼내놓고 식사한다는 예감이 왔다. 일어서서 슬그머니 그분들 부근을 지나가며 시선을 돌려보니 김치, 깻잎, 김을 내놓고 식사하고 있었다.

나도 여행하다 보면 가끔 김치를 먹고 싶고, 얼큰한 찌개가 당길 때가 있다. 신문 기사에서 읽은 기억이 난다. "우리 한국 사람들은 국제화를 이야기하지만, 해외 공항에 도착하자마자 한국 음식점을 찾아간다." 방문하는 국가의 의식주를 체험하는 것이 여행에서 가장 의미 있는 부분이다. 입맛에 맞건, 안 맞건 다른 문화권의 음식을 먹어보는 것도 여행의 일부이다. 며칠만 기다리면 귀국해서 얼마든지 한국 음식을 먹을 수 있다. 초고추장 정도는 괜찮겠지만, 김치나 깻잎 같은 반찬은 자제하는 것이 좋겠다. 국제무대에서는 다른 사람들에게 조금이라도 불편을 끼칠 일은 피하는 것이 결국 우리에게 이익이다.

행복한 크루즈 여행을 위하여

  그동안 몇 지인들로부터 크루즈를 다녀왔는데 "아주 지루했다"
라는 평을 들었다. 사람마다 성격이 다르고 취향이 다르기 때문에
모든 사람을 똑같이 만족시키는 것은 거의 불가능하다. 인간은 누
구나 행복을 추구할 권리가 있다. 개인의 생각과 태도에 따라서
행복은 의외로 가까운 곳에서 찾을 수 있고, 즐거움이나 만족감도
비교적 사소한 곳에서 느낄 수가 있다.

  호기심을 갖고 "즐기려고 여행을 왔으니 무조건 즐기고 가자"
라는 마음가짐으로 갖가지 크루즈 행사에 적극적으로 참여하면
지루함이 즐거움으로 변할 수가 있다. 스페인(Spain)이나 튀르키예
(Türkiye)를 단체 관광했던 여행객들은 버스를 오래 타고 이동했던 것
이 너무 지루했다고 가끔 불평을 한다. 나도 그 지역을 몇 번 여행
을 했다. 지역이 넓기 때문에 다음 관광지까지 거리상 버스로 이
동하는 시간이 길어지는 것은 불가피하다. 버스를 5~6시간 타는
것이 지루하다고 생각하면 한없이 지루하게 느껴질 수가 있다는
것을 충분히 이해할 만하다.

인생을 살아가는 데 가장 중요한 것은 우리 자신의 마음 자세, 즉 태도인 것 같다. 여행길에도 적용이 될 수가 있겠다. 60대 이상은 물론이겠지만, 젊은 여행객들도 5~6시간 버스를 타고 이동한다는 건 피곤하고 지루하다고 느낀다. 하지만, 나는 버스로 이동하는 동안 창밖을 내다보며 그 지역의 산천경개를 설렘의 마음으로 감상하면서 이처럼 아름다운 자연을 우리에게 선물로 주신 창조주께 마음속으로 깊은 감사를 드린다. 창조주께서는 무슨 생각을 하면서, 왜 우리 인간들에게 이런 귀한 선물을 아무런 조건도 없이 주셨을까? 등등을 생각하다 보면 의외로 5~6시간이 지루함을 느낄 사이도 없이 빨리 지나갈 때가 많다. 버스를 타고 이동하는 동안 창밖을 내다보며 새로운 자연을 바라보면서 내 자신에 대해서도 이런저런 생각을 하게 된다. 새로운 나를 발견하게 되는 때도 있다. 역시 여행은 크루즈 여행이건, 자유여행이건, 단체관광이건 내 마음속을 밝혀주는 등불이 되는 것 같다.

미국에서 수십 년간 여행사를 운영하고 계신 여행사 대표님을 만난 적이 있었다. 여행에 대한 이런저런 대화를 서로 주고받았다. "여행하면서 지루함을 느껴본 적이 한 번도 없었다"는 내 말이 끝나자마자, "선생님은 정말 여행을 할 줄 아는 사람"이라고 나에게 칭찬을 해주셨다. 크루즈 여행이건 육지 여행이건 여행객의 마음가짐에 따라 초등학교 시절 소풍 가는 날처럼 기쁨에 젖어 마음이 들뜨고 흥분이 될 수도 있지만, 여행객에 따라선 가끔은 지루함이 느껴질 수도 있다는 것을 이해하겠다.

지금까지 서술한 사항 중 몇 가지를 정리해서, 특히 크루즈 경험이 없는 승객들을 위해 승선한 후 도움이 될 만한 사항을 요약하겠다.

- 객실에 입실하면 곧 모든 것이 제대로 작동을 잘하는지 점검하길 바란다. 샤워, 세면대 물, 변기가 잘 흘러가는지, 전깃불, 전기 outlet 등등. 배정된 객실에서 크루즈가 끝날 때까지 생활해야 하니 자신이 생활하는 데 편하게 정리를 하는 것도 좋은 생각이다. 가장 중요한 사항은 구명조끼(life vest, 혹은 life jacket)의 위치를 알아두는 것이다. 대부분의 크루즈 배들은 구명조끼를 옷장 선반 위에 배치해 두고 있다. 구명조끼는 객실에 2개씩 배치가 되어 있는데 찾을 수가 없으면 cabin steward에게 혹은 guest service desk에 문의하면 된다.
- 객실 담당 cabin steward를 만나서 인사하고 본인을 소개하는 것이 도움이 된다. 추가로 담요, 베개나 옷걸이가 더 필요하다면 이 기회에 요청하면 곧 해결된다. 나는 cabin steward를 만나면 맨 먼저 객실 청소를 매일 할 필요가 없고, 3일에 한 번만 해달라고 하는데 그러면 아주 좋아한다. 그만큼 일거리가 줄어들기 때문에 조금이라도 휴식을 취할 기회가 생기는 것이다. 중요한 것은 객실 담당 cabin steward의 이름을 정확하게 알아두는 것이다. 투숙객들의 이름을 알려주는 것도 좋다. 우리의 정서는 이런 상황에서 서로 간의 이름을 알리지 않는데 서양의 관습은 처음 만나는 사람에게 제일 먼저 자기 이름을 알린다. 한국인은 자기 이름이 마치 일급비밀인 것처럼 다른 사람에게 이름을 알리는 것을 불편하게 생각하는 것 같다. 이름은 우리를 위한 것만이 아니라 다른 사람들을 위해서 지어진 것이다. 외국 여행 중에는 그 나라의 관습을 따라가는 것이 현명하다.

- Dining room에 저녁 식사 예약이 되어 있는지 확인하고, 기항지 shore excursion 예약을 할 계획이라면, 승객들이 몰리기 전에 이 기회에 하는 것이 좋다.
- Muster drill을 객실 TV를 켜놓고 미리 시청하길 바라고,
- 크루즈 배 내부를 걸어 다니면서 지리를 미리 숙지해 두는 것이 매우 도움이 되겠다.
- 비싼 roaming charge를 피하기 위해 휴대전화를 비행기 mode 로 해놓기를 바란다. 항행하는 중에 모르는 사이 cellular maritime network로 연결되어 버리면 큰 비용이 발생할 수가 있다. 필요할 때마다 크루즈에서 Wi-Fi를 구입할 수도 있다.

크루즈 객실 복도

Chapter 3

강 건너 세계여행
River Cruise

the allure of cruise travel

River cruise 선택과 예약

　앞에서 크루즈에는 ocean cruise와 river cruise, 두 종류의 크루즈가 있다고 언급했다. 여태까지 바다를 항행하는 ocean cruise에 대해서 설명했으니, 제3장에서는 river cruise에 대해서 설명하겠다.

　River cruise는 riverboat cruise라고도 불린다. 문자 그대로 river cruise는 강(江)을 항행한다. 거의 대부분 river cruise는 유럽에 있는 강(江)을 항행한다. River cruise가 가장 활발하게 다니는 유럽의 강들은 Danube, Garonne, Dordogne, Rhine, Rhone, Saone, Seine이다. 유럽에 있는 강 이외에 Amazon, Chobe, Mekong, Mississippi, Nile강도 항행한다. Ocean cruise와 river cruise는 비슷한 점도 있지만 다른 점이 많다.

　제일 두드러지게 다른 점은 배의 크기에 있다. Ocean cruise는 배가 크기 때문에 강을 항행하는 것은 불가능하다. River cruise는 비교적 잔잔한 강을 항행하기 때문에 ocean cruise에서 멀미하는 승객들도 river cruise에서는 멀미하는 경우가 극히 드물다. 대형 ocean cruise는 승객이 4,000~5,000명 수준이지만, river cruise는 보통 100~250명 정도 수준이다.

River cruise 선택과 예약은 ocean cruise와 비슷하다. 적절한 website에서 조회해서 가고 싶은 장소, 출발 날짜, 크루즈 하는 기간을 정해서 online이건, 혹은 크루즈 담당 여행사 직원을 통해서 예약하면 된다. 널리 알려진 river cruise 웹사이트를 소개하겠다.

- amawaterways.com
- rivercruise.com
- uniworld.com
- vikingrivercruise.com

위에 소개한 웹사이트에서 필요한 정보는 모두 조회가 가능하며, river cruise 가격(fare)도 ocean cruise 가격처럼 변동 사항이 비슷하다. 전반적으로 river cruise의 가격이 ocean cruise보다 높은 편이다. 얼마나 더 높은가는 조건이나 환경이 달라서 일괄적으로 말하기는 어렵지만 두 배 이상 높다고 생각하면 되겠다. Ocean cruise는 3~4개월 이상 긴 크루즈도 있지만, river cruise는 거의 7~10일이며, 길어야 2~3주 정도다.

River cruise 객실과 승객들

River cruise의 객실은 ocean cruise 객실보다 작은 편이며, 객실들은 모두 배의 가장자리에 있고 유리창이 있어 뷰를 한눈에 볼 수 있게 되어 있다. Ocean cruise와는 달리 balcony cabin, oceanview cabin, interior cabin이 따로 없는 경우가 많다. 예약할 때 어떤 종류의 객실을 골라야 할지 신경을 쓸 필요가 없고, 배가 작고 강을 항행하기 때문에 midship, 배 앞쪽, 뒤쪽이 별 의미가 없다.

승객의 수가 100~250명 정도로 매우 작아서 cruise terminal에서 check-in이나 승선 절차가 간단하고 줄을 서서 오랜 시간을 기다릴 필요도 없다. 기항지에서 하선하고 승선할 때 ocean cruise는 절차가 번거롭고 기다리는 시간이 걸릴 수가 있지만, river cruise는 간편해서 좋다. River cruise는 배가 작기 때문에 강 주변에 위치한 조그만 마을에도 정박할 수 있어 크루즈 하는 동안 기항지의 수가 ocean cruise에 비해 많은 편이다. River cruise의 승객들은 평균적으로 나이가 많고 어린아이들을 데리고 오는 부모들이 극히 드물다. 승객들의 사회적인 위치나 경제적이나 교육적인 수준은 ocean cruise 승객들보다 훨씬 높고 점잖고 품위가 있다고 볼 수 있다.

두 크루즈 간 승객들의 품격이나 분위기가 좀 다르다는 것을 쉽게 느낄 수가 있다. 승객수가 얼마 되지 않기 때문에 크루즈 하는 동안 같은 승객을 여러 번 만나게 되고 친해질 수가 있다. Ocean cruise에서도 마찬가지지만 river cruise에서는 더욱더 품위를 갖추면서 교양 있게 행동해야 한다. 실수했다간 상대방 승객을 피하기도 어렵고 크루즈가 끝날 때까지 어디에 얼굴을 감출 곳도 없다. River cruise에서는 술을 과하게 마시고 소음을 내는 사람도 없고, 품위 있는 분위기에 눌려서인지 중국인들도 짜증스럽게 큰 목소리로 대화하지 않는 것 같다.

:: River cruise의 조용한 분위기

River cruise의 분위기는 승객수가 적고 entertainment가 제한되어 있기 때문에 밤늦게 밴드 연주에서 오는 큰 음악 소리도 별로 없고, ocean cruise에 비해서 고요한 분위기라고도 표현할 수가 있다. 승객들 자체가 조용한 분위기 속에서 유럽의 강변에 경치, 역사, 문화, 문명을 즐기며 배움을 얻기를 바라는 사람들이기 때문에 ocean cruise처럼 여러 가지 행사로 승객들의 마음을 즐겁고 들뜨게 하는 분위기는 아니다. River cruise의 승객들은 교육적이고 문화적인 경험을 하는 데 중점을 둔 사람들이라는 인상을 금방 받게 된다.

이런 분위기 속에서 막무가내 중국인들처럼 교양 없는 불손한 언행을 했다가는 다른 승객들을 불편하게 할뿐더러 모든 한국인에 대한 불명예를 가져올 수 있으니 특히 신경을 써야 한다. 제5장에 자세히 서술된 바대로 우선 뒤에 오는 다른 승객을 위해서 문을 잡아주는 습관에 익숙하길 바란다. 문을 열고 나갈 때나 들어올 때는 무조건 뒤에 다른 사람이 있다는 것을 전제로 하길 바란다.

승객수가 적기 때문에 dining room이나 쇼 연주장 같은 행사장에 입장이나 퇴장할 때, 또는 기항지에서 승선이나 하선할 때 기다린다는 것이 없다. Ocean cruise에는 여러 대의 엘리베이터가 있지만, 거의 대부분의 오래된 river cruise 배에는 엘리베이터가 없지만, 새로 만들어진 river cruise 배에는 엘리베이터가 있다. 엘리베이터가 2~3대 정도지만 승객수가 얼마 되지 않기 때문에 오래 기다릴 필요가 없다. 단체관광도 기다리는 시간이 길 때가 많지만, river cruise는 기다리는 시간이 별로 없으니 그만큼 관광하는 시간이 길어진다는 말이 되겠다. Ocean cruise와는 달리, 나이가 드신 승객을 중점적으로 크루즈 일정이 설계되어 있기 때문에, 아이들은 항행하는 동안 배 안에서 별로 할만한 일정이 없으니 아이들을 동반하는 승객은 이 점을 염두에 두길 바란다.

River cruise의 시설과 기항지 여행

River cruise는 규모가 작아서 hot tub이나 조그만 수영장은 있지만 ocean cruise처럼 올림픽 경기장 같은 큰 수영장은 없다. Ocean cruise에는 코미디, 춤과 노래, 뮤지컬, 마술 등 다양한 쇼와 entertainment 프로그램, 도박장, 카페, 술집, 라운지 등이 곳곳에 있고, 연예인들을 세계 각지에서 초청해 불러들이지만, river cruise는 훨씬 규모가 작고 시끌벅적한 분위기는 별로 없으며 기항지 관광에 중점을 둔다.

배가 기항하는 지역에서 연예인을 불러들여 그 지역의 예술과 문화를 승객들에게 소개하려고 노력을 많이 한다. River cruise에도 도서관, 체육관 시설, 스파 시설이 있다. 도서관과 체육관 시설 사용은 무료이지만 스파 시설은 비용이 발생하며 예약하면 된다. Dining room은 1~2개 정도이며 음식도 그다지 다양하지 않다. Ocean cruise에서는 거의 24시간 음식을 먹을 수가 있지만 river cruise에서는 제한된 시간에만 식사나 간식 먹는 것이 가능하다.

Ocean cruise와는 달리 river cruise는 밤에 기항지에 나가서 밤

거리를 걸어 다니면서 구경할 수가 있다. 크루즈를 하면서 다뉴브 강이 흘러가는 아름답고 역사적인 도시 부다페스트(Budapest, Hungary)의 밤거리를 거닐 수 있다는 것은 보통 특권이 아닐 수 없다. 이런 특권은 river cruise를 하면서만 경험할 수가 있다. Ocean cruise의 배 안에서는 밤에 각종 행사가 열리며 승객들이 흠뻑 흥에 젖어 즐겁게 시간을 보내거나, 객실에서 편히 쉬고, 자는 동안 크루즈 선박은 다음 목적지를 향해서 열심히 항행을 한다. Ocean cruise는 기항지에 도착했을 때 관광(excursion)에서 발생하는 입장료를 포함한, 모든 비용을 승객이 부담해야 하지만, river cruise는 기항지에서의 거의 모든 관광 비용과 많은 경우 왕복 비행기표가 크루즈 비용(fare)에 포함되어 있다. 이걸 고려하면 river cruise가 ocean cruise에 비해서 생각보다는 많이 비싼 편이 아니라고 생각하는 사람들도 있다.

Ocean cruise에는 "sea day(혹은 at sea)"라는 것이 있다. 크루즈 배가 항구에 정박하지 않고 온종일 항행하는 날을 말한다. Sea day에는 배 안에서 여러 가지 행사에 참여하든지, 혹은 수영장 부근이나 갑판에 앉아 책을 읽거나, 쉼터를 찾아 바다를 감상하면서 푹 쉴 수도 있다. River cruise에는 "river day"라는 것이 없다. Ocean cruise는 바다를 항행하면서 많은 시간을 보내지만, river cruise는 육지에 정박해서 시간을 많이 보내는 편이기 때문에 승객들은 강변의 역사적인 아름다운 지역을 탐방할 기회나 시간이 훨씬 더 많다. Ocean cruise는 하루에 항행하는 거리가 몇백 km가 될 수 있지만 river cruise는 평균 30~80km를 항행한다.

여행 중 챙겨야 할 용품들은 ocean cruise와 비슷하다. River cruise는 거의 보통 10일간의 크루즈이기 때문에 빨랫감이 많이 쌓이지 않을 것이며 내의나 양말은 객실에서 손빨래하면 된다. 중요한 것은 객실에 입실하면 구명조끼와 손전등을 확인해야 한다는 것이다. 국내여행이건 해외여행이건 나는 여행할 때면 치약, 칫솔과 함께 꼭 손전등을 챙겨간다.

제5장에서 자세히 설명했지만, 해외여행에서 가장 신경 써서 지켜야 하는 것은 신변안전이다. 어떤 경우에 보면 한국 여성분들이 혼자 자유여행을 하는 것을 낭만으로 생각하고 추구하려고 하는데, 여행을 즐기려는 것은 좋지만, 무리하게 모험하거나 위험을 묵인하고 여행하는 것은 현명하다고 생각되지 않는다. 신변을 지키는 가장 좋은 방법은 위험의 가능성이 있는 장소나 상황을 피하면서 자기 몸을 보호하는 것이다. 나도 오랫동안 여행을 다녔지만, 혼자서 자유여행하는 것을 신변안전 면에서 절대 하지 않는다.

River cruise는 ocean cruise에 비해서 2배 이상 기항지가 많을 때가 있다. 기항지마다 어느 정도는 불미스러운 것을 당할 위험에 처할 수 있는 가능성을 꼭 전제로 하는 것이 좋다.

널리 잘 알려진 river cruise 7개 지역을 소개하면 다음과 같다.

- The Danube river cruise
- The Amazon(브라질)
- The Nile(이집트)
- The Rhine
- The Douro(포르투갈)

- The Mississippi(미국)
- The Mekong(베트남)

파리(Paris, France)와 부다페스트(Budapest, Hungary)에서 관광객을 위한 유람선을 타고 다뉴브(Danube)강을 유람한 경험은 있지만, 아직 Danube river cruise를 해본 적은 없다. 자유여행을 하면서 레겐스부르크(Regensburg, Germany)에서 3박 4일을 보낸 적이 있다. 다뉴브강은 레겐스부르크시를 가로질러 흘러간다. 카약(Kayak)을 무척 좋아하는 나는 레겐스부르크시 다뉴브 강변에서 카약을 빌려 kayaking을 즐겼던 아름다운 추억이 있다. 독자 중에 Danube river cruise를 하면서 레겐스부르크시에 정박하고, 시간 여유가 있으면 꼭 다뉴브강에서 kayaking을 한번 즐기시길 추천한다. 평생 잊지 못할 아름다운 추억이 될 것이다.

Part 2

크루즈의 시설과 행사

Chapter 4

바다를 항행하는 국제마을

the allure of cruise travel

크루즈 종업원(cabin crew)과의 관계

승선하고 입실을 하면, 맨 첫날부터 크루즈 여행이 끝나고 하선할 때까지 가장 많이 하루에도 몇 번씩 접촉하는 직원이 식당 종업원과 객실 및 deck 복도를 청소하고 관리를 하는 cabin crew이다. 크루즈회사에 따라서는 cabin crew를 cabin attendant라고도 부른다. 입실을 하면 곧 이 분들을 만나게 되는데 친구나 가족처럼 친하게 사귀면서 지내는 것이 좋겠다.

크루즈 직원들은 세계 각국에서 모여있는 흥미진진한 집단이다. 내가 그동안 크루즈 여행을 하면서 만나본 직원들의 출신 국가는 필리핀, 인도네시아, 인도, 스리랑카, 말레이시아, 홍콩, 중국 등 동남아지역, 브라질, 아르헨티나, 우크라이나, 폴란드, 슬로베니아, 몬테네그로, 크로아티아(Croatia), 영국, 독일, 스위스, 프랑스, 이탈리아, 루마니아, 세르비아(Serbia), 모로코, 아프리카의 국가들, 멕시코, 과테말라, 온두라스 등 중남미 지역이다. 한국인들도 몇 분을 만난 적이 있는데, 20~30대 젊은이들로 크루즈 선박에서 일하는 경험과 세계 여기저기를 구경하는 기회의 매력에 빠져 크루즈 배에 구직했다는 것이다. 나는 자라면서 "크루즈"라는 단어를 들어본 적도 없었다. 나도 10~20대 젊었을 때 "크루즈 여행"이라는 것을 알았더라면 크루즈 배에서 2~3년 동안 경험 삼아 일했을 것 같다.

크루즈 승객들은 멀리서 크루즈 출항지까지 장시간 동안 비행기 여행하고, cruise terminal에서 check-in의 지루한 절차를 거쳤기 때문에 피곤에 지칠 대로 지친 사람들이 대부분이다. 사람은 누구나 피로에 지쳐있을 때는 짜증도 나고 인내심이 없어지기 마련이다. 크루즈회사들은 이런 상황을 잘 알고 있기 때문에 cabin steward들을 이에 대해 철저히 교육한다. Cabin steward들 입장에서 봤을 때는 제일 바쁘고 힘든 날이 승객들이 승선하는 날(embarkation day)과 하선하는 날(disembarkation day)이다. 크루즈가 끝난 승객들이 오전에 하선을 하면 곧 다음 크루즈를 하는 승객들이 오후에 승선한다. Disembarkation과 embarkation이 같은 날 일어나기 때문에 크루즈 직원들에게는 이날이 가장 바쁘고 벅찬 날이다.

만약 크루즈가 부에노스아이레스에서 끝이 났다고 하자. 거의 대부분 크루즈 선박은 아침 5시에서 7시 사이에 부에노스아이레스 항구에 도착한다. 모든 승객은 아침 식사를 한 후 지정된 시간에 퇴실하고 오전 10시 이전까지 하선을 해야 한다. 정오쯤 다음 승객들이 승선하는데 크루즈 직원들은 12시 전까지 새로 도착하는 4,000~5,000명의 승객을 모실 만반의 준비를 끝내야 하니 얼마나 바쁘겠는가? 얼굴에 웃음은 띠고 있지만 직원들도 많이 지

처 있을 거라 상상할 수 있다. 불만족스러운 점이 있다고 해도 서로 이해를 해줄 필요가 있겠다. 불만족스러운 점은 나중에 지적하면 친절히 해결해 준다.

내 마음속에 가장 깊이 남아 있는 한국분 한 분이 있다. 약 25~30년 전이었다. 크루즈 배에 승선하고 첫날 저녁 식사를 하려고 식당에 갔었다. 웨이터를 만나, 내 소개를 했다. "저는 한국에서 온 김지수입니다." 이름이 "김"이라는 내 말이 끝나자마자, "여기 웨이터 중에 김이라는 사람이 있는데 우리는 Papa Kim이라고 부른답니다." Papa Kim 씨를 만나 뵙고 싶다고 하자 나를 데리고 가서 Papa Kim 씨를 소개해 주었다.

Papa Kim 씨는 연세가 72세였으며, 20년 동안 크루즈 배에서 일하고 계신 한국분이었다. 키도 크고 인물이 영화배우처럼 잘생기신 따뜻하고 인자한 인상을 주는 분이었다. "앞으로 10년만 더 배를 타고 다닐 계획인데, 아마도 나는 배를 타고 다니다 바다에서 죽을랑가 몰라, 잉"하고 농담까지 하셨다. 생존해 계신다면 지금 95~100세가 넘으셨을 텐데, 그 후로 크루즈 배에 승선할 때마다 Papa Kim 씨의 생각이 머릿속에 떠오른다. 이것이 바로 크루즈의 매력이다. 세계 여러 나라에서 모여든 흥미진진한 사람들을 만나볼 수 있다는 것이 크루즈 여행의 최고의 매력인 것 같다.

몇 년 전까지만 해도 크루즈회사 직원의 대부분은 필리핀인이었다. 이유인즉, 필리핀 사람들이 영어를 비교적 잘 구사할 수 있고, 크루즈회사 고용신청자들 대부분이 필리핀인이었으며, 책임성이 강하고 성실하게 일을 열심히 잘한다는 좋은 평판이 있었기 때문이었다. 지난 몇 년 동안 크루즈회사들이 직원들을 다양화한다는 정책하에 단계적으로 필리핀 직원 수를 줄이고 인도네시아, 아프리카, 중남미, 남미, 동유럽, Caribbean Islands 지역의 직원들을 고용하기 시작했다. 아직도 크루즈회사 직원 60%는 필리핀인들이라고 알려졌다. 최근에 내가 항행했던 Princess 크루즈의 직원 59%는 필리핀 출신이라고 발표가 됐었다. 한국인은 한 명도 없었다.

크루즈 배에서 일하는 직원 대다수는 국민소득이 낮은 나라에서 왔으며, 사랑하는 가족을 떠나 일주일에 7일, 하루 10~12시간을 가족을 위해 희생을 하면서 이를 악물고, 보다 나은 내일을 바라보며 희망과 꿈을 그리며 어려움을 꾹 참고 열심히 일하는 사람들이다. 크루즈 배들은 우리 한국처럼 노동자들을 옹호하고 보호하는 노동법이 없는 제3국에 등록되어 있기 때문에 안타까운 상황이긴 하지만 일주일에 7일, 하루 10~12시간 노동을 하는 것이 불법은 아니다. 사랑하는 가족을 위해서 희생하고 고군분투 일하는 모습은 옛날 서독파견 광부들과 간호사들을 연상케 한다. 이들 중 일부는 본국에서 대학까지 졸업한 사람들이다. 말 한마디라도 따뜻하게 해줄 때 이들에게 큰 위로가 되고 힘이 된다.

앞에서 Dore Shary 씨가 나에게 $5(인플레이션을 감안하면 현재 약 $10~15)를 팁으로 보내주신 일을 언급했다. 나는 지금도 Dore Shary 씨의 따뜻한 정과 성의에 감사를 드린다. 지난 수십 년 동안 여러 번 그분을 생각하면서 마음속으로 고마워했다. 단돈 $5가 이렇게도 기막힌 힘을 발휘할 수가 있다는 것에 나 자신도 지금까지 놀라고 있다.

알고 보면 눈물을 자아내게 하는 사연을 지닌 직원도 있다. 알래스카 크루즈 여행 중 어느 날 저녁 식사를 하면서 필리핀에서 온 50대로 보이는 웨이터에게 가족 안부를 묻자, 눈물을 글썽거리며, 부인이 고향에서 암으로 2년 정도 투병하다 3개월 전에 아들 셋을 뒤에 남겨두고 세상을 떠났는데 배에서 일하느라 장례식에도 참석 못 했다고 했다. 2개월 후 현재 크루즈 배와 임용계약이 끝나면 본국으로 돌아가서 3개월 동안 아이들과 지내다 다시 복직하겠다고 했다. 이 순간에도 그 웨이터를 생각하면 가슴이 쓰리고 안타깝기 비할 바 없다.

반면에 마음을 훈훈하게 해주는 직원들도 마주치게 된다. 아주 친절하고 따뜻한 웃음을 띠고 다니는 잘생긴 20대 cabin steward를 만나 대화를 나누면서, "영화배우처럼 잘생겼는데 할리우드로 가지 않고 왜 크루즈 배에서 일을 하고 있느냐?"고 물었더니, 그렇지 않아도 어머니한테서 자주 전화가 오고, 집으로 빨리 오라고 하지만, 크루즈에서 조금만 더 일을 하면서 인생 경험을 쌓고 귀국할 거라고 한다. 알고 보니 Carlos라는 이 젊은이는 온두라스에서 왔는데, 어머니가 약 30년 전 Miss. Honduras였으며 온두라스에서 영화배우로 활약 중이라고 한다. 어머니의 사진을 보여주는데 이탈리아 영화배우 Sophia Loren을 꼭 닮은 대단한 미녀였다.

객실 청소를 책임진 cabin crew는 담당하는 크루즈 객실들을 호텔처럼 매일 청소하면서 화장실 수건, 베개보와 침대보를 갈고 깔끔하게 방을 정리한다. 미국에 있는 호텔들은 손님이 원할 때만 객실 청소를 해주는 곳이 점차 확산되고 있다. 이유인즉, 세탁 횟수를 줄이면 환경보호도 되고, 일손이 모자라기 때문이기도 하며, 비용도 절약할 수 있다고 한다. 환경보호를 철저히 믿고 있는 나는 7~8년 전부터 투숙하는 호텔마다 방 청소는 3일에 한 번씩 해달라고 미리 요청한다. 크루즈 여행할 때도 마찬가지다. 승선한 첫날 객실 담당 cabin crew를 만나면 내 소개를 하고 곧바로 객실 청소는 3일에 한 번씩만 해달라고 요청하는데, 이런 요청을 하는 크루즈 승객은 아마 드물 것 같다. 환경보호도 중요하지만, 힘들게 일하는 직원에게 잠깐이나마 휴식을 취하는 기회도 마련해주고 싶은 마음에서다. 평소에 집 안 침실을 매일 청소하고 베개보와 침대보를 매일 새 걸로 바꾸는 사람이 얼마나 있을까? 생각해 보면 그렇게 할 필요가 없을 것도 같다. 깨끗한 수건이 필요하고 쓰레

기통을 비워야 하면 cabin crew에게 연락하면 금방 해결이 된다.

나의 경험상 이런 일을 하다 보면 사회 각계각층 다양한 사람들을 하루에도 수십 명을 만나게 된다. 청소부라고, 혹은 식당 웨이터라고, 깔보고 함부로 얕잡아보고 막 대하는 불쾌한 사람들도 있었지만, 따뜻하게 친절히 잘 대해주는 고마운 사람들도 많았다. 나는 일하면서 이런 사람 저런 사람, 사람들을 만나는 것이 그렇게도 재미가 있었다. 젊은 시절에 사람에 대해서 배울 수 있는 아주 값진 기회였고, 내가 만난 사람들로부터 너무도 많은 것들을 배웠다.

인간의 존엄성은 누구나 존중을 받아야 하는 것이 마땅하고, 서로 간에 존중해야 하는 것은 인간으로서 가장 근본적인 도리라고 하겠다. 내가 일생에 만난 모든 사람은 직업, 학벌, 피부 색깔, 출신배경, 나이에 상관없이 나에게 많은 것을 가르쳐주고 배울 기회를 마련해준 고마운 훌륭한 스승님들이었다. 많은 경우 인간의 가치와 존재를 학벌, 직업, 부(富)에 바탕을 두고 쉽게 판단을 해버리는 한국 사회와는 달리 서구사회의 의식구조나 사고방식은 우리와는 다르다는 것을 이해하고 국제활동을 하는 것이 중요할 거라 생각한다. 해외여행도 대한민국 국민의 한 사람으로 국가를 대표하는 중요한 국제활동의 일부임을 기억하는 것이 좋겠다. 여행 전문가 한 분이 미국 TV에서 했던 말이 떠오른다. "다른 나라를 여행할 때는 미국을 대표하는 외교관이라는 것을 잊지 말아야 한다." 이에 대해서는 다음에 좀 더 자세히 언급하겠다.

크루즈에서 많이 쓰는 언어

    대형 크루즈 선박은 세계 각국에서 모여든 5,000명 정도의 승객과 선원들을 태우고 바다를 항행한다. 5,000명의 인구가 살고 있는 국제마을이 바다를 둥둥 떠다닌다고 생각하면 되겠다. 크루즈 배 내(內)에는 일반차량이나 정유소를 제외한 우리가 살고 있는 도시에 존재하는 거의 모든 것이 존재한다.

:: 영어가 뭐길래

    영어가 국제언어로서 굳게 자리 잡은 지 오래되었다. 인간의 사회활동에 가장 중요한 것은 의사소통과 공감이다. 의사소통을하고 공감하려면 공통 언어가 필요하다. 오늘날엔 영어가 바로 그 공통 언어 역할을 하고 있다.

    관광객으로서 해외를 여행하다 보면 언어 때문에 고생할 때도 있고, 불이익을 당할 때도 있고, 실수할 때도 있고, 오해가 생길 때도 있고, 당황스러울 때도 있다. 관광객으로서 한국을 떠나는 순간 우리는 국제활동이 시작되며, 한국을 대표하는 "외교관"이 된다는 것을 잊지 말아야 한다.

영어가 국제적으로 가장 광범위하게 사용되는 언어인 만큼 영어를 능숙하게 구사할 수 있는 여행객에겐 해외여행이 훨씬 더 편하고 알차고 즐거울 것은 충분히 이해할 만하다. 영어가 불편한 관광객에게는 관광이 즐겁질 않다는 말이 아니다. 영어로 하는 강의에 등록한 학생이 영어가 미숙하다면 강의 내용을 이해하는 데 약간의 불리함을 느낄 수가 있듯이, 해외여행도 마찬가지다. 영어가 부족해도 얼마든지 여행을 즐길 수 있다. 독일어 오페라를 관람하는데 독일어를 전혀 못 해도 얼마든지 즐길 수가 있다.

여행에는 2가지 면이 있다. 하늘이 선물로 만들어 주신 자연과 인간이 창조한 문명과 문화를 보면서 감상하고 즐기는 부분이 있고, 몰랐던 사실을 배우고 지식을 쌓으며 감사하면서, 자신에 대한 새로운 면을 발견하는 것이다.

육지 단체관광은 가이드가 아침부터 저녁까지 하루 종일 안내하고 한국어로 전부 설명해 주기 때문에 영어에 익숙지 않아도 언어적인 문제가 없지만, 크루즈 여행이나 자유여행은 그렇지 않다.

그간 자유여행을 하면서 영어가 통하지 않았더라면 놓친 게 많았겠다는 생각을 가끔 했다. 거의 모든 크루즈 여행에서 사용되는 언어가 영어다. 영어가 주 언어가 아닌 크루즈가 있긴 한데 그건 다음에 설명하겠다. Cruise terminal에서 승선하자마자부터 공공방송이 영어로 나오기 시작한다. 여기에 주눅들 필요가 조금도 없다. 영어를 모르더라도 크루즈 여행을 마음껏 즐길 수가 있다. 전반적으로 봤을 때 한국 관광객들이 중국 관광객들보다 영어 실력이 훨씬 좋다. 영어를 전혀 모르는 중국인들은 아무런 불편을 느끼지 않고 크루즈를 마음껏 즐기는 것 같다. 크루즈하는 중에 안내방송이 영어로 나오는데 이해를 못 하면 마음이 불안하고 불편할 수가 있다. 그러나 중국인들처럼 태도를 보이길 바란다. 못 알아들어도 별 상관없이 즐기도록 하면 되는 것이다.

:: 영어 대신 포르투갈어

영어에 능통하지 못한 경우에 해외여행이 얼마나 불편하고 불안감까지 줄 수 있다는 것을 몇 번 경험한 적이 있다.

브라질 산토스 항구에서 독일 함부르크까지 가는 22박 23일 MSC 크루즈 배에 탔었다. 크루즈 배의 기항지 6곳이 스페인과 포르투갈에 있는 역사적이고 관광객이 많이 모이는 지역이었다. 크루즈의 출발지가 브라질 산토스였기 때문에 승객들의 80%는 브라질 사람들이었고, 나머지 15%는 브라질 이외 남미 사람들, 그리고 5%는 나를 포함한 세계 각국에서 모여든 승객들이었다. 브라질은 역사적으로 포르투갈이 점령했기에 브라질 사람들은 포르투갈어를 모국어로 사용하고 있으며, 남미의 다른 국가들은 스페인의 점령을 당했기 때문에 스페인어를 모국어로 사용하고 있다. 브라질 사람들의 조상들은 대부분 포르투갈에서 이주해 온 포르투갈 사람들이다. 브라질 승객 거의 대부분은 크루즈 여행도 할 겸

조상님들의 고향인 포르투갈을 방문하는 사람들이었다.

크루즈 배가 산토스 항구를 출항하자 곧 안내방송이 나오기 시작하는데 처음부터 끝까지 포르투갈어와 스페인어로만 방송이 나오고 아무리 기다려도 영어방송은 나오질 않았다. 안내방송이 무슨 내용인지 알 수가 없으니 더욱 궁금하고 불안하기 시작했다. 드디어 첫날 저녁 극장에서 쇼가 시작하자 포르투갈어, 스페인어, 영어, 이탈리아어, 프랑스어, 독일어의 순서로 6개국의 인사말이 나오는 것이었다. 똑같은 말을 6개 국어로 번역하다 보니 당연히 시간이 오래 걸릴 수밖에 없다는 것은 이해하지만, 곧 지루해지기 시작했다. 저녁 식사 때 나오는 선장의 인사말도 처음엔 6개 국어로 나오다 며칠 후부터는 3개 국어(포르투갈어, 스페인어, 영어)로 줄어들었다. 브라질 승객이 절대다수였기 때문에 영어가 뒤로 밀리고 포르투갈어가 우선이라는 것을 느낄 수가 있었다. 최근 몇 년 동안 중국 승객들이 많이 증가했고, 크루즈회사들은 앞으로 더 많이 증가할 거로 예측하는데, 몇 년 후부터는 중국어로 방송이 나오겠구나 하는 생각이 들었다.

예상했던 대로 포르투갈 기항지에서 브라질 승객 대부분이 하선했다. 크루즈 선박이 갑자기 텅 비었다고 느껴졌다. 다음 기항지는 영국 런던 부근에 위치한 사우샘프턴 항구였다. 사우샘프턴에 도착하자 유럽의 여러 나라에서 모여든 승객들과 소수의 동양인 승객들이 승선하면서 크루즈 배의 분위기는 놀랍게도 순식간에 180도 바뀌었다. 첫째는 공통 언어가 갑자기 영어로 바뀌고 모든 방송이 영어로만 나오기 시작했다. 어제까지 사용된 포르투갈

어, 스페인어, 이탈리아어, 프랑스어, 독일어는 사라져 버리고 영
어만 사용되는 것이었다.

이 경험을 통해서 영어가 불편하신 승객들이 영어만 주로 사용되
는 크루즈를 하는 동안 큰 부담감을 느낄 수가 있다는 것을 절실히
느꼈다. 불편하기는 했지만, 내가 포르투갈어를 전혀 모르는 상황
에서도 크루즈를 즐길 수가 있듯, 영어에 불편을 느끼는 여행객들도
나에 못지않게 크루즈를 마음껏 즐길 수가 있다고 확신한다.

크루즈의 특색은 세계 여러 나라에서 모인 승객들과 크루즈 배
안의 제한된 공간 속에서 쉽게 접촉하며 친교를 맺는 기회가 많다
는 것이다. 이런 환경에서 제일 중요한 부분은 서로 간 소통이다.
적절한 소통이 없으면 깊은 관계를 맺는 것이 쉽지 않다.
상대와 언어가 서로 다르다 해도 요즘에는 휴대전화의 번역기
를 사용해서 어느 정도 기본적인 대화는 나눌 수가 있다. 경험해
본 사람은 알겠지만, 번역기를 사용하는 소통은 어쩐지 부자연스
러울 뿐 아니라 서로 간에 분위기가 딱딱하고 대화와 대화 사이에
공백이 많아 대화 시간도 오래 걸리고 정신 집중도 잘 안된다는
것을 느꼈을 것이다. 간단한 대화를 나눌 때는 편리한 도구이지
만, 깊이 있는 대화를 자연스럽게 나누기엔 한계가 있는 것 같다.

영어를 전혀 못 하는 브라질 승객들 3명과 같은 테이블에 앉아
식사한 적이 있었다. 휴대전화 번역기를 사용해서 대화를 몇 마디

나누긴 했지만, 어쩐지 서먹서먹함을 감출 수가 없었다. 하지만, 어떤 환경에서도 다른 사람과 크루즈에서 만나 대화를 나누고, 서로 간에 정을 나눌 수 있다는 것은 하늘이 인간에게 주신 축복인 것 같다.

Dining Room의 멋

누구에게나 크루즈 하면 24시간 마음껏 먹을 수 있는 푸짐한 맛있는 음식이 떠오른다. 나는 지금도 "크루즈"라는 말만 들어도 맛있는 음식들이 맨 먼저 머릿속에 떠오르며 군침이 돌기 시작한다. 한때는 사람들이 크루즈는 맛있는 음식을 먹으러 간다고까지 말했다. 맛있는 음식을 앞에 놓고 자제하기가 힘들어 크루즈 여행을 할 때마다 나는 2~5kg 정도 체중이 증가했다. 거의 대부분 승객들은 크루즈가 끝날 때쯤 되면 과체중이 되는 것은 불가피한 것 같다. 체중 관리 차원에서 거의 매일 크루즈 배 안에 설치된 체육관에 가서 1시간씩 운동을 하는데도 별 효과가 없었다. 역시 체중 관리는 운동도 중요하지만, 운동보다는 음식으로 해야 하는 것 같다.

크루즈 배 내부에는 식사할 수 있는 식당이 3종류가 있다. Dining room과 Lido에 있는 buffet 식당 그리고 specialty restaurant 이다. Specialty restaurant는 문자 그대로 특별한 식당이다. 우선 Dining room과 Lido에서의 식사는 무료이지만(사실은 크루즈 가격에 포함) 특별식당에서 하는 식사는 비싼 요금이 발생한다. 나는 특별식당에서 식사를 해본 적은 없다. 메뉴 자체가 좀 특이하고 가격이 약간 부담스럽게 느껴질 수도 있을 뿐 아니라 dining room과 buffet 음식이 감탄할 정도로 다양하게 많은데 굳이 특별식당을 갈 필요를 느끼지 못한 것이다. 나는 특별식당을 지나갈 때마다 누가 저런 식당에 가서 추가로 비용을 부담하면서 식사를 할까? 라고 생각했었다. 특별식당은 규모가 작고 아담하며 가족적인 분위기가 있는 건 분명하다. 가족끼리 함께 크루즈를 하면서 결혼 50주년을 우아하고 조용한 분위기에서 축하해 주고 즐기려는 승객들이나 신혼여행을 즐기는 신혼부부들이 이런 특별식당을 애용한다는 것은 이해할 만하다. 크루즈를 오랜 기간 했었지만, 특별식당에서 식사했다는 승객을 만난 적은 아직 없다. 언젠가는 나도 특별식당에 가서 식사할 기회가 오길 바라고 있다.

웬만한 크루즈 배 안에는 승객들이 식사를 즐길 수 있는 dining room이 4~5개가 있다. 저녁 식사 때는 모든 dining room이 손님을 받지만, 조식이나 중식에는 dining room 1~2곳만 문을 연다. 조식이나 중식은 비교적 손님 수가 적기 때문에 예약이 필요 없이 편한 시간에 가서 식사할 수가 있지만, 저녁 식사는 가능한 한 예약하는 것이 좋다. 예약을 안 했을 경우 dining room에 자리가 없으면, Lido에 위치한 buffet 식당에서 식사할 수밖에 없다.

Formal night에 dining room에서 저녁 식사를 할 때는 정장을 입어야 한다. 남성은 넥타이에 양복, 혹은 턱시도(Tuxedo)를 입고, 여성은 evening dress를 입는 것이 전통이다. 여성 승객들은 자기 나라의 고유한 의상을 입고 나타나는 분들도 있다. 한국 여성들은 한복을 입으면 매우 좋을 것 같다. 한국인으로서 편견 때문인지 모르나 한복처럼 우아하고 아름다운 고유한 의상이 드물 것 같다. 이런 기회에 세계인들에게 한복을 소개할 수 있으면 좋겠다.

Dining room과 Lido buffet 식당은 분위기가 무척 다르다. 크루즈회사에 따라 약간 차이는 있지만 대략 buffet 식당은 오전 6시부터 밤 10시까지 아침, 점심, 저녁 식사를 할 수 있게 식당 문이 열려있고, dining room은 오전 6:00~10:00 아침 식사를, 점심 식사는 11:00~1:30 그리고 저녁 식사는 오후 5:00~9:00에 손님을 받는다. 이외 시간에도 간식이 필요하신 분들은 밤늦은 시간까지 스테이크, 피자, 햄버거, 핫도그, 아이스크림, 도넛 등을 주문할 수

있는 곳이 여기저기에서 손님을 기다리고 있다. 단지 추가로 요금이 발생할 수가 있다.

:: 식당은 또 다른 사교의 장

크루즈 여행의 가장 큰 매력 중 하나는 세계 여러 나라에서 모여든 승객들과 접촉할 수 있고, 친구가 되어 자유자재로 대화하면서 서로 가까워질 수 있는 기회가 많다는 것이다. 모르는 사람들을 만나면서 친구로 사귀고 대화를 나누면서 배움을 얻는 걸 무척

좋아하는 나 같은 사람에게는 크루즈 여행보다 더 매력적인 여행
은 없다.

사람은 알고 보면 누구에게나 다른 사람한테서 찾아볼 수 없는
독특하고 값진 사연이나 인간사가 있다. 나도 마찬가지다. 다른
사람들이 나를 알고 보면 개인적인 사연이 흥미진진하다고 생각
할는지 모르겠다. 나는 세계 어딜 가던 새로운 사람을 만나는 걸
즐기며 쉽게 친구로 사귀는 성격을 지니고 태어난 것이 매우 다행
이라 생각한다. 창조주가 우리 인류에게 주신 선물인 위대한, 신
비스러운 자연계를 여행하면서 마음껏 눈으로 직접 보며 감상하
고 창조주께 감사를 드리면서 여러 사람을 만나는 것이 나에겐 최
고의 행복이요, 축복이다. 누구를 만나든, 그 순간 나는 절친한
친구, 사랑하는 형제자매를 만났다고 마음속으로 다짐한다. 그동
안 크루즈에서 만난 몇 분들과는 지금도 가끔 이메일로 소식을 주
고받고 있다. 크루즈하는 동안 dining room에서 식사할 때는 다른
승객들을 만나 보고 교류하기 위해 dining room에 도착하면 나는
미리 테이블을 다른 분들과 함께 앉혀주길 host/hostess에게 요청
한다.

크루즈에는 세계 각지에서 승객들이 모여있다는 것을 염두에 두
면서 행동하는 것이 중요하다는 것을 강조하고 싶다. 상대적으로
여러 면에서 다른 문화권에서 모여든 여러 승객 간에 비교되고 다
른 점들이 두드러지게 나타날 때가 많다. 육지 단체여행은 처음부
터 끝까지 일행들이 모두 한국인들이며, 한국인들끼리만 한국어

로 대화하면서 종일 시간을 함께 보낸다. 크루즈는 배 안에서 마주치는 사람들은 모두 다른 나라, 다른 문화권에서 모여든 사람들이다. 이런 면이 좀처럼 현지인들과 접촉할 기회가 없는 단체 육지여행과 크루즈 여행의 큰 차이점이다. Dining room으로 저녁 식사를 갈 때는, casual dinner라 해도 의복을 조금 단정하게 입는 것이 좋다.

자라면서 부모님들이 나에게 하신 말씀이다. "밖에 나갈 때는 멋을 부릴 필요는 없지만 다른 사람들보다 조금만 더 옷을 깨끗하고 단정하게 입도록 해라." 웨이터를 하면서 경험해 보니 부모님의 말씀이 명언이었다. 인간인지라 본인도 모르게 선입견이라는 것이 생긴다. 웨이터의 입장에서도 단정하게 옷을 입고 외모가 깔끔한 손님들께 더 신경이 쓰이고, 관심이 가며, 보다 더 정중하게 대하게 된다.

Dining room에 예약된 시간에 도착하면 host 혹은 hostess가 지정된 테이블로 안내를 해준다. 테이블에 앉으면 곧 담당 waiter/waitress 혹은 assistant waiter/assistant waitress가 와서 메뉴를 주며 인사를 한다. Dining room에는 waiter와 waitress를 관리하는 manager가 있다. 이 3명이 한 조가 되어 손님을 최대로 편히 모시고 즐겁게 하려고 무척 애를 쓴다. 이분들과 친한 친구가 되도록 노력하면 힘들게 일하는 이들에게 조금이나마 피로감을 덜어주고 일하는 보람을 느끼게 해줄 수가 있다.

식당에서 하는 모든 일은 다 힘들다. 대학생 때 공사 현장에서 4개월 정도 일을 했었고, 1년 6개월 동안 5성 식당에서 웨이터로 일을 한 적이 있었다. 내 경험으로는 식당 일이 공사 현장 일보다 더 힘들 때가 많다. 손님들이 나에게 따뜻한 말 한마디라도 건네 주면 그렇게 고마울 수가 없었다. 반면에 웨이터라고 해서 함부로 대하며 교양 없이 행동하는 손님들은 말할 수 없이 불쾌했었다. 무뚝뚝하게 앉아서 식사만 하는 손님들은 분위기를 무겁게 만들고 별로 매력도 없어 보였다.

대체로 우리 한국인들의 정서가 모르는 사람을 처음 만났을 때, 서양 사람들과는 달리, 자연스럽고 편하게 친한 친구를 만난 것처럼 대화를 쉽게 하지 않는다는 걸 잘 알고 있고 또 이해를 한다. 이해를 한다고 해서 묵직하고 흐려진 분위가 밝고 가벼워지는 것은 아니다. 대외적으로 우리는 모르는 사람들에게 말을 붙이고 다정하게 대화를 하지 않는다는 인상을 준 것 같다. 다른 나라 사람들은 이런 한국인들을 부담스럽게 생각한다. 인간관계에서 한쪽이 상대방을 부담스럽게 느낀다면 좋은 관계를 이루는 데는 시간이 걸리고 많은 노력을 해야 한다.

지인들끼리 함께 단체 크루즈 여행을 오는 분들을 가끔 보게 된다. 친구 부부들끼리 크루즈도 즐기면서 깊은 우정과 잊지 못할 추억을 쌓기 위해 여행을 오는 경우가 있다. 이런 경우에 조심해야 할 사항은 친구들끼리만 시간을 보내느라 크루즈 여행의 소중한 부분인 다른 승객을 만나 교제하는 기회를 날려버리는 것이다. 미국의 여행 전문가들은 "50%의 시간은 친구들과 즐기고, 나머지 50%는 다른 승객들과 교제를 하라"고 충고한다. 나도 8박9일 지인들과 함께 크루즈를 하면서 일행끼리만 시간을 보낸 적이 있었는데, 다른 승객들과 접촉할 기회가 없었던 것이 무척 아쉬웠다. 두 번째 단체 크루즈를 갔을 때는 용기를 내서 우리 한국인의 정서에 약간 어긋난 행동을 취했다. Dining Room에 도착해서 일행과 떨어져 다른 승객들과 몇 번 저녁 식사를 한 것이다.

Dining room에서 다른 승객들과 함께 테이블에 앉아 식사를 할 때는 인사를 나누고 바로 본인 이름을 알리는 것이 예의고 올바른 외교적인 의전이다. 해외여행 중 다른 사람에게 자신을 소개하고 이름을 알려주는 것을 한국 사회에서처럼 주저하거나 두려워하지 말기를 바란다. 크루즈뿐만 아니라 국제무대에서는 서로의 이름을 알림으로써 가까워지고 좋은 관계를 맺을 수 있는 시작이 된다. 다른 국가들도 한국처럼 국민의 사생활을 보호하기 위해 개인정보 보호법이 있다. 우리 사회는 "개인정보 보호" 개념이 너무 극단적으로 흘러가 버려 서로 간의 관계나 사회생활이 오히려 딱딱하고 불편해져 버린 느낌이 든다.

내가 살고 있는 아파트에는 승강기 옆에 입주자들을 위한 우편함(mailbox)이 약 80개가 있다. 우편함을 자세히 들여다보면 위쪽 중간에 입주자의 이름을 써 붙일 공간이 마련되어 있다. 우편함에 입주자 이름표가 붙어있는 우편함은 80가구 중 유일하게 나뿐이다. 나는 Los Angeles 한인촌 중심지에도 아파트를 월세로 입주하고 있으며, 매년 2~3개월 동안 미국 방문 때 그곳 아파트에서 생활한다. 아파트 건물에는 65가구가 거주하고 있으며, 100% 입주자들이 한국 이민자들이고 매니저도 한국분이다. 아파트 건물은 미국 부동산 회사가 소유하고 있다. 어느 날 편지를 꺼내려 나갔더니 마침 그때 미국인 우체부가 우편함을 모두 열어놓고 편지를 배달하고 있었다. 우리는 서로 인사를 나눴고, 우체부는 나에게 묻는다.

"아파트 몇 호세요?"

"104호입니다."

"아~, Jee Soo Kim 씨! 내가 아는 한 당신은 절대 한국인이 아닙니다."

"아니에요. 저는 한국인입니다."

"그럼, 왜 우편함에 당신 이름을 써 붙였습니까? 나는 한국인들은 자기 이름이 극비밀인 줄 알았습니다. 내가 다른 여러 아파트 건물에도 우편배달을 하는데 지난 10여 년 동안 자기 이름을 써 붙인 한국인은 당신이 처음입니다."

몇 달 후 내 아파트에서 1km 떨어진 한인촌 다른 아파트 건물에 거주하는 사촌 동생을 방문했다. 사촌 동생이 살고 있는 건물의 입주자들 50% 정도는 한국인이고 나머지는 백인들과 멕시코인들이다. 승강기를 기다리면서 바로 옆에 즐비하게 붙은 우체통들을 자세히 들여다보았다. 백인들 이름과 멕시코인들의 이름은 아파트 번호 옆에 적혀 있는데, 한국인의 이름은 단 하나도 보이질 않았다. 무척이나 대조적이 아닐 수가 없었다. 서양의 문화는 서

로 간에 이름을 정확히 알고 있을 때 좋은 인간관계를 맺을 수가 있으며, 이름을 모르거나 정확하게 발음할 수 없을 때는 거리감이 있게 느껴지기 때문에 좋은 인간관계를 맺기가 쉽지 않다.

크루즈 직원들의 최소 60%가 필리핀 출신들이기 때문에 dining room에 가면 거의 예외 없이 필리핀 직원들을 만나게 된다. 작년에 크루즈를 갔을 때 만났던 dining room 웨이터는 놀랍게도 한국어를 제법 하는 분이었다. 한국회사 직원으로 근무하면서 1년 이상 서울에서 살았다고 한다. 한국 여자친구와 결혼하려고 했지만, 양가 부모의 반대가 극심해서 혼사를 치르지 못했다고 슬픈 표정을 지으며 아쉬워했다. 아직도 과거 애인에 대한 미련이 많이 남아 있는 듯했으며, 매우 딱하다는 생각이 들었다. 나를 만날 때마다 한국에서의 옛 추억을 떠올리며 요즘은 떡볶이를 무척 먹고 싶다고 했다.

바로 옆 테이블을 담당한 웨이터도 한국말을 조금씩 하는 편이었는데, 그분은 필리핀에 있을 때 필리핀지사 한국회사에서 일을 했었다고 한다. 인사말로 "김치가 없어서 대접을 못 해드려 미안합니다"라고 말하는 것이었다. 해외여행을 하다 보면 가끔 "안녕하세요?" "감사합니다" 정도로 한국말을 하는 사람들은 만나게 되는데 웬만한 대화를 한국어로 구사할 수 있는 외국인을 만나는 것은 흔하지 않다.

테이블에 앉아 우선 메뉴를 보고 있노라면 생소한 단어와 읽을 수도 없고, 발음조차 하기 어렵고, 들어보지도 못한 음식들이 많이 있다. 대부분 스페인, 프랑스, 이탈리아, 중동지역 및 낯선 외국 음식들이기 때문에 그럴 수밖에 없다. 뭐가 뭔지를 모르는 것은 당연하다. 메뉴에 있는 모든 음식을 이해하고 발음을 정확하게 할 수 있는 손님은 극히 드물다.

오래전이긴 하지만 내가 학생 때 웨이터를 했던 식당이 유명한 5성 식당이었으며 웨이터를 시작하기 전 무려 1달 동안 하루 1~2시간 훈련을 받았지만, 크루즈 dining room 메뉴를 50%도 이해를 못 한다. 어찌 일반 여행객들이 메뉴를 정확하게 이해할 수가 있겠는가? 메뉴판 단어들을 발음하지 못해도 당황하거나 부끄러워하지 말고, 당당하게 웨이터에게 물어보면 된다. 손님들이 메뉴 이해를 잘 못한다는 것을 웨이터들도 알고 있다. 손님들께 자세히 설명하고 손님이 마음에 드는 음식을 주문하는 걸 도와주는 것도 웨이터가 당연히 해야 할 일이다.

메뉴에 있는 음식은 아무거나 주문할 수가 있다. 만약 시금치를 먹고 싶은데 메뉴에 없다면 웨이터에게 특별 주문하면 된다. 주방 사정에 따라 시금치 요리가 가능하다면 시간은 좀 걸리겠지만, 해 다 준다. 이것 또한 무료다. Dining room에서 비용이 발생하는 것은 맥주, 포도주, 양주 등 술이며, 어떤 크루즈회사는 식후에 주문하는 커피도 추가로 비용을 받는다. Buffet 식당에서는 무료인데 dining room에서는 비용을 받는 이유는 카페까지 가서 주문해 와야 하기 때문이라 한다.

Main course로 스테이크와 연어가 먹고 싶으면 2접시를 한꺼번에 주문해도 좋다. Main course 2접시를 다 먹을 수 있을 만큼 양이 큰 사람은 드물겠지만, 스테이크 요리를 먹고, 연어 요리를 맛을 보고 싶으면 주저하지 말고 주문해도 좋다. 후식으로 케이크와 과일, 아이스크림 등 2~3가지를 주문해도 괜찮다. 나도 크루즈를 하는 동안 색다른 main course를 맛보기 위해 가끔 2개씩 주문을 한다. Main course를 2개 주문할 수 있다는 것을 알고 있는 크루즈 승객은 많지 않다. 많은 승객들은 "그게 가능합니까?"라고 반문한다. 단지 main course 2개를 주문하면 거의 확실히 음식을 남기게 되니 낭비를 줄이기 위해서라도 자기 식성에 맞게 선택하길 바란다. Dining room에 도착하기 전에 크루즈 App을 통해서 메뉴를 자세히 살펴볼 수 있으며, 크루스 배 안의 모든 dining room의 메뉴는 모두 똑같다. 나는 크루즈 여행을 할 때면 저녁 식사는 매일 dining room에서 하며 아침과 점심 식사도 가능하면 자주 dining room에서 하려고 노력한다.

크루즈 여행과 육지 단체관광은 각각 특성과 장단점이 있다. 단체관광은 동행하는 관광객 외 현지인을 포함한 다른 나라 사람들과 접촉할 기회가 거의 없으며, 처음부터 끝까지 관광 안내자가 모든 것을 챙겨주기 때문에 편하고 좋은 점도 있다. 식사 메뉴도 이미 안내자가 알아서 주문을 해주며 호텔 check-in까지도 다 해준다. 관광버스가 있으니 교통편을 걱정할 필요도 없다. 제일 큰 장점은 안내자가 관광지의 문화, 교육, 역사, 정치, 경제, 사

환상을 현실로 바꾸는 & 크루즈 여행의 매력

회, 국민정서, 사고방식 등을 자세히 설명을 해주기 때문에 배우는 것도 많다. 스페인의 그라나다(Granada, Spain)에 있는 알람브라 궁전(Alhambra Palace)을 관광했을 때 안내자가 스페인에서 공부하는 한국 대학원생으로서 "알람브라 궁전"에 대한 주제로 연구논문을 쓰고 있는 분이셨다. 이 안내자의 설명이 매우 훌륭하고 인상적이었으며 지금도 가끔 이분이 머릿속에 떠오르기도 한다.

30여 년 전에 프랑스와 이탈리아 단체관광을 갔을 때도 비슷한 경험을 했었다. 운이 무척 좋아 조각을 전공하는 한국 유학생 안내자를 만났었다. 얼마나 열정적으로 자세히 해설을 잘 해줬는지, 이분과 함께 1주일을 보내다 보니 조각에 일자무식이었던 내가 마치 조각예술의 전문가가 된 기분이었다. 그간 여행을 하면서 좋은 안내자들을 많이 만났지만, 위의 두 안내자를 특히 지금까지 고맙게 생각하고 있다. 크루즈 여행에서는 기항지 여행 중 이처럼 전문성이 있는 안내자를 만나는 것은 쉽지 않다.

Lido에서 Buffet 식사

Dining room에서 하는 식사는 주문을 하고 웨이터가 서빙할 때까지 기다려야 하기 때문에 시간이 걸린다. 아무리 빨리 식사를 한다 해도 1시간, 여유 있게 테이블에 앉은 분들과 같이 이야기를 나누다 보면 보통 2시간 이상이 걸릴 때도 있다. 바쁜 일정이 있을 때는 dining room에서 하는 식사는 피하는 것이 좋겠다. 기항지(port of call)에 도착해서 관광을 위해 하선하려는 승객들은 dining room에서 여유 있게 아침 식사를 할 시간적인 여유가 없을 것이다. 이런 날엔 거의 모든 승객은 조식을 buffet 식당에서 한다.

Lido에서 하는 식사는 두 가지 이점이 있다. 첫째는 시간을 많이 절약할 수가 있다. 둘째는 buffet 식당이기 때문에 하루 세 끼 음식의 종류가 다양하고, 웨이터에게 주문할 필요가 없이 마음껏 눈으로 보고 골라서 먹을 수가 있다. Buffet에서 눈에 보이지 않는 주스(예: 토마토 주스)가 필요할 경우 일하는 직원에게 요청하면 바로 가져다준다. 이런 이점 때문에 buffet 식당에서만 식사하길 바라는 승객들도 있다. 주문한 주스는 크루즈회사에 따라서 아침 식사는 무료이지만, 점심과 저녁 식사는 비용을 받는다.

크루즈 배에 승선하는 첫날을 embarkation day라고 부른다. 많은 승객들은 첫날에 저녁 식사를 Lido buffet 식당에서 빨리하고 객실에 가서 편히 쉬기를 바라기 때문에 buffet 식당은 엄청 붐비고 줄을 서서 기다려야 할 때가 많다. 그러므로 가능한 한 embarkation day에 저녁은 Lido buffet를 피하고 dining room에 가서 조용히 식사를 하는 것이 좋다. Dining room 분위기와 식사 주문을 한다는 것을 부담스럽게 느끼기 때문에 dining room을 피해서 buffet 식당으로 오는 승객들도 있다고 한다. 본인의 입맛에 맞는 음식을 2~3번 마음껏 가져다 먹을 수 있는 것도 buffet 식당의 이점이라고 할 수가 있겠다.

Dining room과 Lido의 buffet 식당은 분위기도 다르다. Dining room 분위기는 고상하고 고급스러우며 아늑한 면도 있지만, 어쩐지 묵직하고, 격식을 갖추어야 한다는 느낌을 줄 수도 있고, 한번 지정된 테이블에 앉으면 다른 테이블로 옮겨 다닐 수가 없다. 반면에 buffet 식당은 개방적이고 자유로우며, 마음껏 자리를 옮길 수도 있고, 창가에 앉아 바다와 하늘이 만나는 수평선을 바라보며 다른 사람들 신경 쓰지 않고 식사를 즐길 수가 있다.

Buffet 식당은 sea day(at sea, 배가 항구에 쉬지 않고 바다를 항행하는 날)에는 크루즈의 사랑방이 될 수도 있다. 친구들끼리 카드놀이를 하거나, 테이블에 둘러앉아 다정하게 담소를 즐길 수도 있으며, 혼자 앉아 한없이 밀려오는 파도를 바라보며 명상에 잠길 수 있는 별미가 바로 크루즈 여행이 아니겠는가? 아침이건 저녁이건 하루 중 언제라도 올라와서 휴가의 여유를 실컷 즐길 수 있는 공간이 buffet 식당이다.

환상을 현실로 바꾸는 & 크루즈 여행의 매력

나도 buffet 식당을 자주 오가며 커피나 차를 마시면서 창가에 앉아 한없이 아름다운 자연을 즐기곤 했다. 바다를 항행하면서 바다와 육지를 바라보는 멋과 맛은 육지에서 바다와 육지를 바라보는 것과는 분위기나 멋과 맛이 상당히 다른 면이 있다. 맑은 날 밤 크루즈를 하면서 바라보는 밤하늘은 쏟아질 것 같은 별들로 가득 차 있고, 낮에 햇볕이 비치는 파도 물결은 마치 보석을 잔뜩 뿌려 놓은 것처럼 반짝인다. 이처럼 아름다운 자연을 우리에게 선물로 주신 창조주께 무한한 감사를 드린다. 크루즈를 하고 있노라면 우리가 살고 있는 자연계는 창조주가 우리 인간들에게 주신 귀한 선물이라는 것을 매일 매일 가슴속 깊이 깨닫게 된다.

승객들 거의 대부분은 port day(기항지에 배가 정박을 하고 승객들이 하선을 해서 관광을 하는 날) 아침 식사는 시간을 절약하기 위해 buffet 식당에서 한다. 점심 식사는 관광지에서 하게 되는데, 그 지역의 전통 음식을 맛보는 것은 관광의 중요한 부분이라 하겠다. 하지만 여기저기 돌아다니며 관광하다 보면 배는 고파오고 적당한 식당이 주변에 없을 때가 있다. 이런 경우를 대비해서 간단한 도시락을 준비하는 것을 추천하겠다.

크루즈 배에서 어떻게 도시락을 준비할 수 있을까? Buffet 식당에서 조식하면서 요령껏 샌드위치를 만들거나 빵, 쿠키 및 과일을 챙기면 된다. 주위 사람들 눈치 볼 필요는 절대 없다. 어차피 점심 식사를 크루즈에서 해야 하는데 그러지 못하니 도시락을 가져가는 것이기 때문에 크루즈회사 측에서도 쾌히 허락한다. 거의 대다수 크루즈 승객들은 이렇게 도시락을 준비해서 하선해서는 안 되는 줄 알고 있으며, 크루즈 측에서도 이에 대해 아무런 공지가 없고, 아무도 말해주지도 않는다. 그냥 오랫동안 크루즈 여행을 하다 보면 자연스럽게 알게 된다.

Dining room과 Lido의 buffet 식당 이외에도 음식을 먹을 수 있는 곳이 크루즈 배 Lido 수영장 부근에 위치해 있다. 아이스크림(ice cream parlor), 피자(pizza parlor), 햄버거와 핫도그(hamberger & hot dog station), 그리고 팝콘(pop corn station) 등을 간식으로 먹을 수 있는 곳들이 있다. COVID 팬데믹 이전에는 거의 모든 크루즈회사에서 아이스크림, 피자, 햄버거, 핫도그, 팝콘들을 무료로 제공했었는데, 팬데믹 이후부터는 대부분 크루즈 배의 수익을 올리기 위해서 음식값을 받는다고 한다.

크루즈 내부의 각종 시설

    많은 사람은 상상하기 어렵겠지만 크루즈 여행 중 조용한 곳에 앉아 독서를 하고 싶은 승객을 위해 조그마한 도서관도 있다. Chapel이라 불리는 기도실도 있으며, 기도실에는 성경책이 구비되어 있다. 머리를 손질하고 싶은 승객을 위한 미장원(Hair salon)이 있는 것은 당연하다고 보겠다. 사우나실도 있다.

크루즈 배의 기도실

다음에 자세히 설명하겠지만, 크루즈하는 동안 거의 모든 것은 무료다. 하지만, 미장원이나 사우나는 추가 비용을 내야 하는데 크루즈이니만큼 요금이 상당히 비싼 편이다. 치약, 칫솔, 면도기, 멀미약, 아스피린 등 간단한 생활용품을 파는 가게도 있는데, 역시 가격이 2배 정도 비싼 편이다.

:: 체육관

크루즈 승객이 아니더라도 최근 20~30년 동안 사람들은 건강과 미용에 큰 관심을 가지고 있었다. 특히 개인의 체중 관리는 사회적으로도 큰 관심을 집중시키고 있다.

보통 크루즈 배의 맨 위 Deck 뒤편(stern) 혹은 맨 앞쪽(bow)에는 운동시설을 갖춘 체육관(Fitness center, gym) 시설이 있는데, 시설이 아주 일류급이다. 나는 크루즈 할 때마다 거의 매일 1시간씩 체육관 시설을 열심히 이용한다. 체육관은 아침부터 저녁까지 승객들로 북적거리고 운동기구를 사용하려면 가끔은 좀 기다려야 할 정도로 밀린다. 크루즈 여행 중에는 다양하고 푸짐한 음식에 유혹을 받고 누구나 조금씩은 과하게 먹게 되기 때문에 체중 관리에 신경을 써야 한다. 3주간 크루즈를 기준으로 대부분의 승객들은 3~5kg 정도 체중이 늘어난다고 한다.

과체중을 관리하는 데 도움을 주기 위해 크루즈하는 동안 다이어트 세미나도 있고, 각종 통증을 다스리는 한의학 세미나가 있다. 나이 드신 승객이 많다 보니 통증에 관심이 있는 분들이 많다. 나도 관심이 있어 한의학 세미나에 참석했었는데 중국 한의사 선생님께서 침술로 통증을 다스리는 것에 대해 설명을 해주셨다. 피부 관리와 얼굴화장 및 화장품에 대한 세미나는 남성 승객들에게는 관심 밖이지만, 여성 승객들에게는 인기가 대단한 것 같다. 올바르게 걷

크루즈 체육관

는 자세에 대한 세미나에 참석한 덕에 나는 얼마 동안 힘들어했었던 협착증 치료에 큰 도움을 받았다. 크루즈에서의 모든 세미나는 누구나 참석할 수 있으며 무료다. 이런 기회를 잘 이용하길 추천한다.

나는 크루즈 여행을 할 때마다 거의 매일 체육관을 사용한다. 내가 자주 애용하는 Princess 크루즈 배의 체육관은 앞면 전체가 유리창으로 되었으며 크루즈의 역방향으로 운동기구들이 배열되어 있기 때문에 육안에서 점점 멀어져가는 파도와 밀려오는 파도를 동시에 파노라마 같은 전망을 바라보면서 운동을 하고 있노라면 피로함을 느낄 겨를이 없고, 마치 별천지에 온 느낌이 든다.

가볍게 달리기 운동을 하고 싶은 승객들을 위해서 Jogging track이 Deck18 혹은 Deck19쯤에 있으며, 농구장도 설치가 되어 있다. 골프를 즐기시는 승객을 위해서는 조그마한 퍼팅(Putting)그린 시설

도 갖추고 있다. 걷기운동을 즐기는 승객들을 위해 Deck7에 갑판을 빙 둘러 Promenade라는 곳이 있는데, 많은 승객이 만경창파 파도 소리를 들으며 바다의 향기와 신선한 공기를 들이켜면서 "산책"을 즐긴다. 공원이나 뒷동산을 산책하는 것과는 맛이 완전히 다르다.

:: 쇼핑센터와 기념사진

크루즈 배 내(內)에는 소규모의 쇼핑센터(Shopping center)도 있다. 보석상, 귀중품 가게, 명품 가방, 의상, 화장품, 시계, 선물 가게 등이 있는데, 충분히 상상이 되겠지만, 물품의 질은 좋으나, 가격이 약간 비쌀 수가 있다는 것을 감안해야 한다. 초콜릿이나 간식거리를 판매하는 소규모의 편의점도 있다. 크루즈에 와서 누가 보석, 귀중품을 구입할까? 신혼여행 온 부부들(신혼여행은 꼭 젊은이들만 하는 것이 아니다)과 60대 이상 경제적인 여유가 있는 승객들 중 결혼기념일을 맞아 크루즈 여행 온 손님들은 상당히 고가의 귀중품을 거침없이 구입한다고 크루즈 직원에게 전해 들었다. 언젠가 보석 가게에서 구경하면서 터무니없이 비싼 물품을 누가 살까? 생각하고 있었는데, 80대로 보이는 부부가 들어와서 10분쯤 가게를 둘러본 후 $20,000 이상 되는 반지를 사서 부인에게 선물로 주는 것을 보고 깜짝 놀랐다.

크루즈 배 여기저기엔 기념사진을 찍어주는 사진사들이 있다.

Formal night에 정장을 입고 dining room에서 저녁 식사를 하고 있으면 틀림없이 어디선가 사진사가 나타나서 사진을 찍겠냐고 하는데, 꼭 찍을 필요는 없고 사양할 수도 있다. 찍은 사진은 다음 기회에 사진관(Photo gallery)에 가서 찾아보고 마음에 들면 구입해도 좋고, 마음에 들지 않으면 구입할 필요가 없다. 이런 사진은 기념이 되긴 하지만 무척 비싼 편이다. 요즘은 휴대전화기가 성능이 좋아서 얼마든지 돈 안 쓰고 좋은 사진을 찍을 수가 있다. 크루즈 사진사들의 유혹에 빨려들지 않도록 조심할 필요도 있겠다.

여행을 다녀보니 셀카봉(selfie stick)이 아주 유용하다는 것을 느꼈다. 사진사들은 주로 저녁 시간에 크루즈 배의 중앙에 위치한 atrium에서 손님들 사진을 찍어주려고 기다리고 있다. 프로 사진사가 찍은 사진을 기념으로 남기고 싶다면, formal night 때 정장을 입고 atrium으로 가서 마음에 드는 사진사와 배경을 선택하면 된다.

:: 쉼터와 인터넷 카페

크루즈 배 이곳저곳을 돌아다니며 답사를 하다 보면 나만의 아늑한 쉼터가 될 만한 공간을 찾을 수가 있다. 크루즈마다 선박의 구조상 약간의 차이가 있기 때문에 일괄적으로 꼭 찍어서 어디라고 말할 수는 없지만, 주로 맨 위층, 18층(Deck 18)이나 19층(Deck 19)에 춤추는 공간과 술을 마시는 바(cocktail bar)가 있는데 이곳은 밤에는 승객들로 가득하고 북적거리지만, 낮에는 사람들이 별로 찾아오지 않는 뜻밖에 조용한 공간이 될 수가 있다. 18층이나 19층에 위치해 있기 때문에 밖을 내다보며 눈앞에 전개되는 아름다운 경치를 마음껏 즐길 수가 있다. 이곳에 앉아 생각에 잠겨 명상을 하고 있노라면 마치 시간이 멈춰있다는 것을 느끼게 된다.

몇 년 전 Royal Princess Cruise를 승선했었다. 아무도 잘 오가지 않는 18층 구석에 자리를 잡고 앉아 밖에 가득 펼쳐진 북극의 빙하를 넋을 잃고 바라보고 있으니 마치 깊은 절간에서 참선하고 있는 느낌이 들었다.

크루즈 안에 있는 조그만 도서관도 훌륭한 쉼터가 될 수 있다. 도서관을 여러 번 들렀지만, 텅 비어 있거나 한두 명의 승객이 잠깐 둘러보고 나가버리는 정도였다. 4,000~5,000명이 밀집해 있는 크루즈 배지만, 이곳저곳 둘러보면 상상외로 아늑하고 조용한 장소에 안락의자까지 배치가 된 쉼터가 될 만한 곳을 찾을 수가 있다.

환상을 현실로 바꾸는 & 크루즈 여행의 매력

최근에는 크루즈회사들이 배 안에 인터넷 카페를 설치해서 운영하고 있다. 인터넷 카페에는 여러 대의 랩탑(laptop)과 작업을 할 수 있는 책상 그리고 안락의자가 있으며, 인터넷 사용은 비용이 추가된다. 인터넷 비용에 대해 불평을 표하는 승객들도 있지만, 크루즈회사는 영리를 목적으로 한 기업체이기 때문에 이익을 최대화하기 위한 수단이라고 이해하는 승객들도 있는 것 같다. 인터넷 카페의 분위기는 도서관처럼 조용해서 독서를 즐기는 사람들도 있으며 의자에 앉아 눈을 감고 명상을 즐기거나 쉼터의 분위기 속에서 낮잠을 즐기는 사람들도 있다. 인터넷 카페에서 주문하는 커피, 홍차, 음료수는 당연히 요금이 발생한다.

:: 카페와 술집(Cocktail Bar)

크루즈 배 내(內) 곳곳에 가장 많이 보이는 시설이 카페와 술집(cocktail Bar)이 아닐까 하는 생각이 든다. 많다는 것은 그만큼 수요가 높다는 의미가 되겠다. 귀한 시간을 내서 휴가를 왔으니 식사 후 음악을 들으면서 한잔씩 하며 즐거운 시간을 보내겠다는 승객들을 충분히 이해한다.

크루즈 하는 동안 먹는 모든 음식은 무료이지만, 주류는 당연히 비용을 내야 한다. Bar에서 맥주, 포도주 등 주류나 주스를 주문했을 때는 비용은 물론 팁을 주는 것이 상례다. 크루즈회사에 따라서는 팁이 자동으로 포함될 수 있으니 확인해야 한다. 직원에게 팁을 줘야 하는 경우가 많이 있으니 크루즈 여행을 시작하기 전 미리 $1과 $5짜리 지폐를 충분히 챙기는 것이 좋다.

식당이나 buffet(Lido)에서는 커피나 차(tea)가 무료인데 카페에서는 비용이 발생한다. 사람들이 많이 오가는 배 중앙에 위치한 atrium 부근에는 술, 커피, 차, 주스와 간단한 과자, 케이크 등을 제공하는 snack bar가 있다. 크루즈회사마다 경영방침이 조금 다르지만, 거의 대부분 snack bar에서 제공하는 과자와 케이크는 무료지만, 술, 커피, 주스는 비용을 받는다.

:: 인터넷 사용

크루즈하는 동안 인터넷 접속이 필요한 승객들은 Wi-Fi를 구입할 수 있다. 하루 Wi-Fi 사용료가 현재는 보통 $20~40라고 알려졌다. 10여 년 전에 비하면 무척 저렴하다. 10여 년 전에는 1시간당 $15~20이었다. 크루즈하는 동안에는 바다 크루즈만 하지 인터넷 크루즈는 하지 않겠다는 것이 나의 태도다. 인터넷 접속이 꼭 필요하다면 다음 기항지에 도착할 때까지 기다렸다 그 지역 카페나 식당에 들러 무료 Wi-Fi를 사용하면 된다.

크루즈 예약 시나 승선한 이후에도 승객이 원하면 술, 카페, 생수, Wi-Fi 패키지(package)를 구입할 수 있다. 패키지도 몇 종류가 있는데 무제한이 있고 하루에 15잔씩 제한하는 등 정해진 만큼 마실 수 있는 패키지도 있다고 한다. 무제한 패키지는 별 가치가 없고, 필요하면 그때그때 구입하는 것이 가장 경제적이고 좋다는 평이 일반적이다. 술을 하루에 15잔? 술을 마시지 못하는 나는 상상하기 어렵다. 크루즈 하는 동안 많은 것이 무료이지만, 모든 것이 무료는 아니다.

과거에 비해 크루즈에서 인터넷이나 Wi-Fi 연결이 빠르고 성능이 많이 좋아졌다. 선상에서의 기술이 발전하고 새로운 위성과의 연결로 크루즈 인터넷 접속이 쉽고 빨라졌지만, 한국처럼 믿고 확실할 거라 기대하신 분들은 실망할 수도 있다. 최근에는 거의 대부분 크루즈회사들이 크루즈에서 사용할 수 있는 무료 App을 승객들의 전화기에 설치할 수 있게 해준다. App을 사용해서 식당 예약, 미장원, 스파 예약 등 각종 예약을 할 수 있고, 맥주와 피자를 App 사용자가 있는 수영장까지 배달할 수도 있는데, 약간의 배달 비용이 추가될 수 있다. 배달 직원에게 $1~2정도 팁을 주는 것이 좋다.

:: 고객센터

App을 사용해서 식당 메뉴와 그날의 여러 가지 행사 일정을 확인할 수 있고, 크루즈 배의 모든 시설과 장소를 알아볼 수 있으며, 아무 때나 크루즈 명세서(onboard account statement)를 확인할 수도 있어 편리하기 짝이 없다. App을 설치하는 데 도움이 필요한 경우 고객센터로 찾아가면 해결된다. 대부분의 크루즈 선박들은 고객센터가 아트리움(atrium) Deck 5 혹은 Deck 6에 위치해 있다. 크루즈 일행의 위치 추적도 App을 통해서 가능하다. 고객센터는 크루즈 배에 따라서 Guest Services, Customer Services, Guest Reception, 등으로 불린다.

고객센터는 크루즈 승객들을 위한 시설이니 불편한 사항이 있으면 즉시 고객센터에 전화하거나 방문하는 걸 서슴지 말기를 바란다. 객실 열쇠를 분실했을 때, 소지품을 잃어버렸을 때, 객실에 무슨 문제가 발생했을 때, 명세서에 오류가 있을 때, 등등 고객센터에 연락을 취하면 거의 쉽게 해결이 된다.

:: 카지노

카지노(도박장) 개념은 약 1,600년도쯤 시작되었다고 알려졌다. 크루즈 배에는 예외 없이 카지노(Casino) 시설이 있다. 라스베이거스(Las Vegas) 수준에는 턱없이 미치지 못하지만, 도박장의 분위기를 어느 정도로 갖춘 시설이다. 하지만, 밤마다 승객들로 가득하고 북적거렸던 20년 전과는 달리, 이유가 뭔지는 모르겠지만, 최근에는 도박장이 텅 비어 있는 냉한 분위기로 변했다는 인상을 받았다. 과거에는 도박장에서 흡연이 가능했기 때문에 도박장을 지나갈 때마다 담배 연기 냄새가 나서 무척 불쾌했었는데, 최근에는 도박장도 금연 구역으로 지정되어 분위기가 쾌적해져 좋은 것 같다. 크루즈에서는 전반적으로 금연을 하게 되어 있지만, 흡연자들을 위해 지정된 흡연 장소가 따로 마련되어 있다.

크루즈 항행 중 호기심에 몇 번 블랙잭(black Jack) 테이블 옆에 서서 관찰했었다. 라스베이거스의 블랙잭과 모든 면에서 아무런 차이가 없고 똑같았다. 크루즈 배 내(內)에 카지노가 합법적으로 설치가 되었지만, 근본적으로 카지노는 도박장이다. 도박은 담배나 술처럼 쉽게 중독이 될 수가 있으니 조
심해야 한다. 중독 중에서 가장 무
서운 중독이 의학적인 치료도 어렵
고 패가망신 되는 술과 도박 중독이
라고 의과대학 세미나에서 들었던
적이 있다. 도박장의 모든 규칙은
손님들에게 불리하게 짜여 있다. 손
님들이 이길 확률이 낮기 때문에 도
박을 하면 할수록 결국은 손실을 보
게 되어 있으니 자제하는 것이 현명
하다. 크루즈 여행을 와서 오랜 시
간 슬롯머신 앞에 앉아 계속 귀한 돈을 잃고 있는 승객들의 모습
을 보면 가끔은 안타깝다는 생각이 든다.

:: 게임룸

크루즈 배에는 부모를 따라온 어린아이들과 젊은이들을 위한
게임룸(game room)이 있다. 게임룸은 맨 위층 Deck 18 혹은 Deck 19
층에 있으며, 웬만한 크루즈회사들은 게임룸 사용료를 받는다.
Cruise terminal에서 check-in 할 때 받았던 cruise card는 객실 열
쇠로도 사용하지만, 처음 승선하여 크루즈가 끝나고 하선할 때까
지 크루즈를 하는 동안 배 안에서 신용카드로 사용할 수가 있다.
Cruise card는 일반 신용카드와 비슷하거나 둥그런 큰 단추형 혹

은 손목시계처럼 팔목에 착용할 수도 있다. 선물 가게에서 물품을 구입했을 경우 가게에서는 현금을 거부하고 cruise card를 달라고 한다.

Cruise card는 크루즈하는 동안 승객의 신분증 역할도 한다. 기항지에 정박해서 하선할 때나 승선할 때 cruise card를 꼭 제시해야만 한다. 크루즈회사는 크루즈 승객 개개인의 account(계좌)를 만들어 놓고 있다. 크루즈하는 동안 발생하는 모든 비용(예: 직원들의 팁, 맥줏값, 물품 구입, Wi-Fi 등)은 자동으로 승객 개인의 계좌에 매일매일 누적된다. 크루즈가 끝나기 하루나 이틀 전에 고객센터에 가서 본인의 계좌를 조회해 볼 필요가 있다. 고객센터 직원에게 "statement of account activities"를 출력해 달라고 요청하면 된다. 만약 오류가 있다면 즉석에서 해결하는 것이 좋겠다. 한국에 돌아와서 전화나 이메일 상으로 해결하려면 좀 시간이 걸리고 상당한 노력이 필요할 것이다.

요즘엔 크루즈 고객센터 옆에 키오스크(kiosk)가 있는데 여기에 cruise card를 투입하거나 스캔하면 계좌내역이 자동으로 출력되어 나온다. 계좌의 잔액은 예약 시에 제시한 승객의 신용카드로 크루즈회사가 하선 후 곧 청구하기 때문에 신경을 쓸 필요는 없으며 단지 계좌내역의 정확성만 하선하기 전에 확인하면 된다. 나는 3주 이상의 긴 크루즈를 할 때는 3~4번씩 키오스크에서 계좌내역을 출력해서 조회한다.

:: 구치소

다양한 사람들이 세계 각지에서 모여 바다를 항행하며 생활을 함께하다 보면, 항상 즐겁고 아름다운 일만 생기는 것은 아니다. 5,000명으로 이루어진 마을에는 크고 작은 불상사가 언젠가는 일어나기 마련이다. 음주를 과하게 하다 보면 본의 아닌 실수를 하게 되는 때가 있다. 크루즈 선박은 이에 대한 대책도 마련되어 있다.

크루즈 배 안에는 유니폼을 입지 않고, 승객들의 눈에 띄지 않는 경비원(security personnel)들이 있다. 가장 흔히 일어나는 불미스러운 사건은 취객들이 고성을 내거나, 난폭한 행동을 하거나, 취객들 간의 분쟁이나 육체적인 충돌이라고 한다. 이런 경우 경비원들이 순식간에 나타나서 상황처리를 한다.

휴가를 즐기려 귀한 시간과 비용을 투자해서 크루즈 여행을 온 여행객들에게 불편함과 불쾌감을 최소로 줄이기 위해 크루즈회사들은 최대의 노력을 한다. 우리 정서와는 달리 서양의 사고방식에는 "봐주기"라는 것이 없다. 그들은 먼저 다른 사람들에게 끼치는 불편과 피해만을 생각한다. 다른 사람들에게 폐를 끼치거나 법을 어겼을 때는 예외 없이 응분의 벌을 꼭 받아야 한다는 것이 그들의 의식구조다. "술이 좀 과해서," "여기까지 멀리 여행을 오셨으니," "나하고 고등학교 동창인데," "먹고살기 힘들어서 잠깐 실수한 건데" 등등으로 봐주기라는 것이 없다. 이런 사고방식을 그들은 불합리하고 못된 사고방식이라고 생각하며, 오히려 이런 식의 사고방식을 비난한다. 가끔 한국의 정서는 한 번쯤 봐주고 쉽게 용서해 주는 사람을 관대하고 덕망이 높은 분이라 높이 평가하는 경우도 있는데, 서양에서는 이해를 못 한다. 우리 한국 국민들도 공명정대한 사회발전을 위해 이런 면을 본받아야 하겠다.

크루즈에서 고성을 지르는 미약한 경범죄(misdemeanor)는 훈계 정도나 객실에 몇 시간 "구금령"으로 처리되지만, 더 심한 경우는 며칠간의 구금령이 내릴 수도 있다. 몸싸움 같은 심한 경우는 크루즈 배 맨 아래층에 있는 구치소에 구금을 시켜버리는 것으로 알려졌다. 다른 심각한 범죄가 발생했을 때는 가해자를 구치소에 구금했다가 다음 기항지 경찰 당국에 넘긴다. 모든 것이 생소하고 말도 안 통하는 외국 땅에서 경찰조사를 받는다는 것은 누구에게나 인생 최악의 황당한 상황일 것이다. 최근에 어느 젊은 여성이 Canival Cruise 발코니에서 위험한 곡예를 부리다 적발이 되었다. 크루즈회사는 이 승객에게 영구 금지령을 내리고 다음 기항지에서 강제 하선을 시켜버렸다. 이 여성은 영원히 Canival Cruise를 다시는 탈 수가 없다. 크루즈회사는 모든 승객을 안전하게 보호하기 위해 위험한 행동을 절대 용서하지 않고 엄한 벌을 내린다.

:: 의료시설

앞에서 언급했지만 3주 이상의 긴 크루즈의 승객 대부분은 50~60대 이상의 은퇴자이다. 승객들 중엔 휠체어에 앉아 계신 분들도 있고, 지팡이에 의지하신 분들도 상당수가 있다. 언뜻 봤을 때 건강 상태가 불안정하다고 느껴지는 승객들도 많이 만나게 된다. 노약자들이 비교적 많이 살고 있는 5,000명 인구의 마을에는 사망률이 높을 거라는 건 충분히 상상할 만하다.

크루즈 배에는 의료진, 즉 의사 1명과 간호사가 상주해야 한다는 규정이 있다. 언젠가 크루즈를 하면서 크루즈 배 의사 선생님과 같이 앉아 점심 식사를 한 적이 있다. 의사분은 인도 출신이었고 친절하고 인자한 인상을 주신 분이었다. 의사 선생님 말씀이 3~4주 이상 크루즈에서는 평균 2~6명의 사망자가 나오며, 시신을 보관할 수 있는 영안실이 준비돼 있고, 내가 탔던 크루즈 배에는 6명의 시신을 보관할 수 있는 시설이 있다고 설명을 해주셨다. 사망자가 발생했을 때엔 가족들과 상의해서 원래의 최종 목적지에서 시신을 가족들께 인계할 수도 있고, 가족들이 원한다면 가능한 한 빨리 다음 기항지에서 인계할 수도 있다고 한다. 이 과정에서 발생하는 모든 비용은 고인의 가족이 부담해야 한다. 여행자 보험이 있다면 경제적인 면에서는 별 부담이 없겠지만, 보험이 없는 경우는 큰 부담을 가족들이 떠맡게 되겠다. 미국인들이 가끔 사용하는 표현이 있다. "세상에 공짜 점심은 없다(There is no free lunch)." 무엇을 하던 비용이 발생한다. 발생한 비용을 누군가는 책임을 져야 한다.

항행하면서 5,000명 승객 중 의사의 도움이 필요한 환자들이 나타나는 것은 불가피하다. 발열 증세가 있거나 손가락에 약간의 부상을 당했을 때 의무실에 전화하고 예약하면 의사를 만나고 진단과 치료를 받을 수 있다. 물론 치료비를 승객이 지불해야 한다. 몇년 전 내 손녀가 엄마, 아빠와 크루즈를 하는 동안 감기에 걸려 크루즈 배 의사에게 진단을 받고 약을 처방받았던 적이 있었다. 다행히 보험이 있었기 때문에 개인적인 의료비 부담은 없었다.

2022년 스페인의 바르셀로나(Barcelona, Spain)에서 시작해서 출항지로 돌아오는 3주간 Princess 지중해 크루즈를 항행했었다. 크루즈 배가 바르셀로나를 출항한 지 4일 후 기항지 중 하나인 프랑스 마르세유(Marseille, France)에 우리 크루즈 선박이 정박했다. 승객들은 대부분 마르세유를 관광하려 하선했고, 우리는 좀 나중에 배에서 내리고 박물관을 향해 시내 쪽으로 걸어가고 있었다.

뒤를 잠깐 돌아보니 80대 말쯤 보이는 할머니 한 분이 혼자서 우리 뒤를 따라오시는 것이었다. 나는 걸음을 멈추고 할머니께 인사를 하고 나를 소개했다. "왜 혼자 오세요?"라고 물어봤더니, 자기는 89세며, 남편이 93세인데, 지금 남편은 몸이 몹시 불편해서 객실에 누워계시고 자신은 답답해서 바람 좀 쐬려고 밖으로 나왔다고 하셨다. "우리는 걸어서 30분 거리에 있는 박물관을 가는데 같이 가실까요?"라고 물었다. 함께 얼마쯤 동행을 하면서 몇 마디를 주고받았다. 할머니는 미국 인디애나(Indiana)주에서 살고 있는데 간호사로 40년 넘게 병원에서 근무하다 은퇴했다고 하셨다. 당신 남편이 곧 좋아지시길 바란다고 하자, "제 남편은 얼마 살지 못할 것 같아요. 아마 3~4일이면 생(生)이 끝날 것 같습니다." 할머니는 깊은 수심(愁心)과 슬픔과 절망에 어찌할 바를 몰라 하는 표정이었다.

할머니께 위로의 몇 말씀을 하고 나의 이름과 객실 번호를 종이에 적어서 드리면서 "새벽 2시든 3시든 상관없이 저의 도움이 필요하시면, 언제든지 연락해 주세요." 노부부를 생각하면서 며칠을 기다렸지만, 아무런 연락이 없었다. 그분의 남편은 크루즈 항행 중 고인이 되셨을 가능성이 높다. 지금도 그 할머니를 생각하면 마음이 아프다.

건강이 안 좋으신 93세의 나이 드신 분을 5~6일도 아닌, 3주의 긴 크루즈 여행을 모시고 가는 것이 무리가 아닐까? 하고 놀라시는 독자들도 계실 것 같다. 이건 미국인과 한국인의 인생철학에 있어 약간의 차이인 것 같다. 이런 상황에서 우리 한국인들은 이웃 마을 방문도 주저할는지 모르겠지만, 미국인들의 인생철학은 움직일 수 있는 한 끝까지 도전하면서, 마지막 순간까지 하고 싶은 여행도 하며 길에서 쓰러지더라도 인생을 즐기겠다는 것이다. 크루즈를 하다 보면 이런 승객들이 의외로 많다. 휠체어에 앉아 있는 가족을 모시고 크루즈를 와서 즐기는 승객들이나 지팡이를 짚고 다니는 승객들이 독자들이 상상하는 수보다 훨씬 많다. 몇 년 전에는 전신이 마비된 10대 아들을 데리고 크루즈를 온 가족과 Lido에서 4~5번을 마주쳤다. 가족들과 대화를 나눌 기회는 없었지만, 마주칠 때마다 부모들이 존경스러웠고 깊은 연민의 정을 느끼지 않을 수가 없었다. 건강보다 더 큰 축복은 없을 것 같다.

:: 세탁소

크루즈 배에서 물론 세탁 서비스를 제공하지만 비용이 추가된다. 층(Deck)마다 세탁기와 건조기가 있기 때문에 비용을 절약하고 싶으면 직접 세탁실에 가서 돈을 지불하고 세탁기를 사용하면 된다. 특별 서비스를 베풀어 1주에 1회 무료로 세탁을 해주기도 하는데, 이건 자기 크루즈회사를 자주 이용한 "엘리트(elite)" 회원 승객에게만 해당이 된다. 크루즈회사 기준이 10회 이상 자기 크루즈 배를 탄 손님에게 베푸는 특혜인 것 같다.

여행하면서 집에서처럼 깔끔하게 자주 옷을 바꿔 입는다는 건 현실성이 없다. 나는 속옷, 양말은 거의 대부분 객실에서 손빨래해서 객실 안에서 말린다. 다른 많은 승객들도 이렇게 한다. 언젠가 TV를 시청하고 있는데 사막과 동굴을 찾아다니며 탐방을 하는 영국인 여행객이 똑같은 양말을 3주째 신고 있다고 말하는 걸 들었다. 크루즈 여행을 3주 하면서 매일 양말을 새것으로 갈아 신는다는 것은 누구에게나 쉬운 일이 아니다. 나는 긴 크루즈 여행을 갈 때는 빨랫비누를 잊지 않고 챙겨간다.

:: 영화관과 수영장

크루즈 배에는 대부분 Deck 14(Lido Deck)에 있는 수영장 옆에 영화관이 있다. 외부에 노출이 되어 있는 공간이기 때문에 낮에는 영화 상영을 할 수 없고 해가 진 다음에 시작한다. 정확한 상영시간과 영화 주제는 그날의 일정(daily patter)을 보면 알 수 있다. 영화는 매일 상영이 되며 최근에 나온 영화나 클래식 영화 혹은 운동경기를 주로 상영한다.

밤하늘에 반짝이는 별을 보면서 배를 타고 가며 영화를 감상한다는 것은 보통 낭만적이 아닐 수가 없다. 크루즈회사들은 "Movies under the Stars"라고 선전한다. 노천극장이기 때문에 바람이 불고 기온이 낮으면 추울 수 있다. 웬만큼 춥지 않으면 수영장에 배치된 담요를 사용하면 큰 문제는 없다.

아무리 크루즈라고는 하지만, 영화관이기 때문에 팝콘이 빠질 수가 없다. 영화관 부근에 팝콘스테이션(pop corn station)이 있는데 여기에서는 영화를 상영하는 동안 무료로 무한정 팝콘을 제공한다. 노천극장이라 승객들이 자주 돌아다니기도 하고, 수영장 바로 옆이기 때문에 소음이 있을 수가 있으니 영화에 집중하는 데 방해가 될 수도 있다.

많은 크루즈 배들은 크고 작은 수영장이 3~4개씩 있다. 제일 큰 수영장은 실외 수영장이고 실내 수영장은 규모가 조그마하다. 이외에 한국인들이 선호하는 사우나 시설보다는 자쿠지(jacuzzi 혹은 whirlpool)가 몇 군데 설치되어 있는데 나는 왠지 수영장이나 자쿠지를 사용해 본 경험이 한 번도 없다. 햇볕이 내리쬐는 낮에는 수영장을 둘러싸고 일광욕을 하는 승객들을 많이 볼 수 있는데 대부분은 백인들이다. 백인들이 일광욕을 즐겨하는 이유는 피부 색깔

이 하얗기 때문에 자기들 생각에 환자처럼 건강하지 않아 보인다
는 것이다. 구릿빛 나는 피부가 건강하게 보이는 것은 사실인 모
양이다. 우리 동양인들은 피부 면에서는 크나큰 축복을 받고 태어
난 것 같다.

Chapter 5

지루하지 않은 항행을 위하여

the allure of cruise travel

배에서 열리는 흥미로운 행사

크루즈회사는 모든 승객이 시종일관 처음부터 끝까지 환상적인 시간을 즐기고 잊지 못할 아름다운 추억을 가득 안고 돌아가길 진심으로 바란다. 크루즈회사의 최종 목적은 승객들이 가까운 미래에 또다시 자기 회사의 승객이 되길 바라며 그들을 유치하기 위해 꾸준히 행사 프로그램을 개발하고 발전시키려고 최선의 노력을 한다.

행사는 보통 아침 6시부터 시작해서 자정까지 지속된다. 승객을 위한 크루즈의 일정은 daily planner 혹은 daily patter라고 부르는 전단지가 나온다. 다음날의 일정은 오늘 저녁 7~8시경 객실로 한 장씩 배달이 된다. 물론 크루즈의 App으로 그날의 일정을 확인할 수가 있다. 아침 일찍 기상해 체육관에서 운동하고 싶어 하는 승객들을 위해 체육관은 매일 아침 6시부터 문을 연다. 체육관에는 승객들이 운동할 때 안전을 위해 관리인이 있으며, 관리인은 PT(personal trainer)로 근무하면서 개인 예약을 받고 체력단련 코칭도 해준다.

다음 날의 일정을 자세히 보면서 하루의 계획을 세우는 것도 좋을 것 같다. 크루즈 배가 항행하는 동안 배 안에서 할 수 있는 활동이 무척 다양하고 많다. 취향이나 취미가 다른 수천 명의 승객들의 관심을 끌고 즐겁게 해주기는 쉬운 일이 아닐 것이다. 프로그램이 다양하다 보니 같은 시간에 내가 관심이 있는 행사들이 중복되는 경우가 많다.

크루즈가 어디를 항행하느냐에 따라 프로그램의 성격도 다양하다. 프로그램은 수준 높은 세미나에서부터 각종 게임, 사교댄스, 라인댄스, 디스코댄스, 빙고, 건강과 다이어트 세미나, 피부관리 세미나, 합창연습, 요가수업, 에어로빅, 필라테스(pilates), 음악연주(기타, 피아노, 바이올린), 가라오케, 미술전시회, 보석품 세미나, 매일 저녁 소규모 라스베이거스 쇼, 성경 공부, 간단한 악기 강습, 골프스윙 코칭 등등이다.

남극 크루즈를 했을 때 영국에서 오신 교수분들의 5회에 걸친 세미나는 남극의 기후, 생태계의 다양성, 남극의 독특한 조류와 동물, 남극 탐험의 역사, 빙산, 지구온난화의 영향 등을 쉽게 이해할 수 있었던 매우 교육적인 경험이었다. 예술에 전혀 아는 바가 없는 나에게 피카소에 대한 세미나와 하모니카 강습도 인상적이었고 아주 좋은 추억으로 남아있다. 많은 분이 종일 배만 타고 다니는 크루즈 여행이 지루할 거라 생각하는데 절대 그렇지를 않다. 하루 일정을 열심히 참여하면서 시간을 보내면 지루함을 느낄 틈이 없다.

Port day에는 대부분의 승객들이 아침 식사 후 기항지에 내려 관광을 나가기 때문에 배에 남는 손님들은 별로 없다. 승객들이 관광을 끝내고 저녁때 돌아올 때까지 낮 동안엔 특별한 행사는 없고 저녁 식사 후부터 배 안은 다시 각종 행사들로 분위기가 들뜨고 훈훈해지기 시작한다.

크루즈의 특색 중 하나는 기항지에 도착하기 전날 다음 기항지를 소개하는 45분~1시간 세미나다. 그 지역의 관광명소, 역사, 문화, 풍습, 전통, 경제, 정치환경, 사회안전 등을 여행전문가(destination expert)가 설명을 해주기 때문에 관광객들에게 크게 도움이 된다. 어느 정도 알고 보는 것과 전혀 모르고 보는 것은 관광 경험을 흡수하는 데 큰 차이가 있다.

: : 댄스 댄스 댄스

춤을 즐기는 승객들에게는 크루즈처럼 좋은 곳이 없다. 거의 매일 사교춤(ballroom dance), 라인댄스, 디스코댄스, 라틴댄스, 에어로빅(aerobics) 등을 가르쳐주는 수업이 많다. 댄스파티가 크루즈 배 여러 곳에서 매일 밤 열린다.

최근에 탔던 크루즈 선박은 매일 아침 일찍부터 에어로빅 수업이 시작되며, 콜롬비아에서 1990년도에 시작해서 남미지역에 널리 보급된 인기 높은 줌바 댄스(zumba dance)는 아주 대성황을 이룬다. 경쾌한 음악에 맞춰 추는 에어로빅과 줌바춤은 여러 면에서 좋은 운동이 되는 것 같아 나는 거의 매일 아침 줌바를 추면서 즐거운 하루를 시작했다. 모든 크루즈 승객에게 에어로빅과 줌바를 즐기면서 하루를 시작하도록 추천하고 싶다.

라인댄스나 디스코댄스는 주로 낮과 밤에 수영장 부근에서 열리는데, 20대건 80대건 나이에 상관없이 다 함께 즐길 수가 있다. 크루즈회사들이 제일 원하는 바는 승객들이 매 순간 즐거운 시간을 보내는 것이다. 저녁 시간에는 아름답고 신나는 음악과 함께 사교춤이나 디스코춤이 승객들을 즐겁게 해준다. 사교춤은 atrium과 라운지(lounge)에서 매일 밤 열리는데, 그날의 일정(daily planner)을 보면 춤추는 장소와 시간이 공지되어 있다. 마음에 드는 댄스파티에 참석해서 크루즈의 흥에 취해보는 것도 크루즈를 즐기는 방법의 하나다.

크루즈 라운지

:: 크루즈 쇼(cruise shows)

모든 크루즈 배에는 연주장(theater)이 있다. 연주장(극장)은 대부분의 경우 Deck 6와 Deck 7 두 층을 차지하고 배의 맨 앞쪽 혹은 맨 뒤쪽에 위치하고 있다. 큰 크루즈 배의 연주장은 1,000~1,200명 이상을 수용할 수 있는 좌석이 설비되었다. 현재까지 제일 큰 크루즈 선박은 1,400명을 수용할 수 있는 연주장이 있다고 알려졌다.

크루즈에서 제일가는 하이라이트 엔터테인먼트(entertainment) 오락은 밤마다 열리는 크루즈 쇼라고 하겠다. 크루즈 쇼는 크루즈 승선 첫날부터 하선하는 전날까지 매일 저녁 두 번씩 7시와 9시쯤에 펼쳐진다. 4,000~5,000명의 승객이 한꺼번에 모일 수가 없기 때문에 쇼를 2번 하는 것이다. 저녁 식사 후 개인의 일정에 맞게 연주장으로 가면 된다. 쇼의 성격은 다양하다. 크루즈 쇼는 규모나 기

환상을 현실로 바꾸는 & 크루즈 여행의 매력

획 면에서 라스베이거스(Las Vegas)나 브로드웨이(Broadway) 수준은 아니지만, 그래도 아주 멋있고 볼 만하다.

쇼의 성격은 라스베이거스 쇼처럼 춤, 노래, 만담, 마술 등 다양하다. 쇼에 출연하는 연예인들, 가수들, 밴드들은 세계 각지에서 초청을 받아오며, 가끔은 기항지의 독특한 문화와 예술을 승객들에게 소개하기 위해 그 지역에서 연예인들을 초청할 때도 있다. 페루 리마시(Lima, Peru)에 기항했을 때 그날 밤의 쇼는 페루의 고유한 노래와 무용을 소개하는 쇼였고, 멕시코에 기항했을 때는 멕시코 전통적인 마리아찌 음악(mariachi music)을 소개하는 쇼였다. 나는 크루즈 쇼를 매일 밤 관람을 하며 무척 즐기는 편이다. 쇼를 통해서 그 지역의 문화를 조금이라도 배우는 좋은 기회가 된다.

쇼의 내용은 승객의 성격에 따라 조금씩 차이가 있다. 7~8일의 짧은 크루즈는 젊은 층이 많기 때문에 쇼의 일부는 젊은 층을 중점으로 기획되었고, 3주 이상의 긴 크루즈는 60세 이상의 승객이 대다수이기 때문에 쇼의 성격도 장년층을 중점으로 기획이 되는 건 당연하다. 이런 크루즈에서는 60년대, 70년대 로큰롤(rock'n'roll) 음악을 중점적으로 연주하는 쇼를 몇 번씩 하는데, 그런 음악을 들으며 젊은 시절을 보냈던 많은 승객들은 옛 추억에 흠뻑 젖어 10대처럼 열광하면서 어쩔 줄을 모르고 즐거워한다. 비틀즈의 음악을 듣고 자란 이들은 "Yesterday," "Let it be," "Get back" 등 비틀즈의 음악이 연주되면 어린 10대들처럼 기뻐 날뛴다. 디즈니 크루즈(Disney cruise)는 쇼의 내용이 거의 어린아이들을 위한 것이다.

젊었을 때 나는 우리 정통가요 가수 이미자를 무척 좋아했다. 이미자처럼 가수가 되는 것이 나의 꿈이었다. 타고난 재능이 부족해서 꿈을 이루지는 못했지만, 지금도 젊은 시절의 꿈은 가슴속 깊이 불타고 있다. 크루즈 배에 한국 승객들이 많아지면 언젠가는 우리 정통가요 가수들을 섭외해서 쇼를 했으면 하는 꿈도 꿔본다. 대한민국 정통가요를 매우 좋아하는 외국인들도 많다고 들었다. 수십 년을 가까이 알고 지낸 미국인 친구 Howard는 나 못지않게 한국 정통가요를 사랑한다. Howard는 나훈아의 "사랑은 눈물의 씨앗"이라는 곡을 40년 전에 나에게 처음 소개한 친구다.

크루즈에는 "Cruise Director"라는 직책이 있다. Cruise director는 크루즈를 하는 동안 모든 일정과 연예인들, 사교춤과 에어로빅, 줌바 교사들, 밴드를 어디서 누구를 섭외하느냐 등등을 총괄하는 사람이다. Cruise director는 모든 프로그램을 감독하고 책임을 맡고 있기 때문에 종일 여기저기에 나타나서 승객들과 인사를 하고 대화를 나누며 접촉하면서 분주하게 돌아다니기 때문에 쉽게 만날 수가 있다. 하루 일정에 대해 좋은 제안이 있거나, 불평불만이 있을 때는 cruise director를 만나서 의견을 제출하는 것이 효과적이다. 나도 한번은, 비싼 비용을 들여서 뉴욕, 런던, 로스앤젤레스, 마이애미에서 연예인들을 초대하는 대신 비용도 훨씬 적게 드는 현지 연예인들과 음악인들을 쇼에 자주 초대해서 승객들에게 그 지역의 생소한 문화와 예술을 경험할 기회를 달라고 제의했었다. 꾸준한 발전을 위해 크루즈회사들은 승객의 목소리에 열심히 귀를 기울인다.

:: 성경 공부

크루즈하는 동안에는 매일매일 갖가지 프로그램이 무척 많다. 4,000-5,000명의 승객 모두가 즐겁고 만족스러운 시간을 갖도록 하기 위함이다. 크루즈에서 무슨 성경 공부냐고 의아해하는 사람들도 있겠지만, 그만큼 관심이 있는 승객들이 충분히 많다는 것이다.

성경 공부에 관심이 있는 승객들은 매일 한자리에 모여 한국의 구역모임처럼 진행이 된다. 한국의 구역모임과 다른 점은 장로교인, 감리교인, 침례교인, 천주교인 등, 교파에 상관없이 누구나 성경의 말씀을 믿고 더 깊이 이해하고 공부하고 싶다면 참석할 수 있다. 저녁 식사 때 dining room에서 만났던 몇 분도 부부가 매일 아침 성경 공부에 참석한다고 했다. 크루즈 승객의 최소 50% 이상이 미국과 캐나다 국민임을 감안하면 충분히 이해할 만하다.

어린아이들을 위한 디즈니 크루즈처럼 신자들을 위한 "신자들의 크루즈"라는 특별 크루즈도 있다. 이 독특한 크루즈는 7박 8일 크루즈로서 항행하는 동안 기항지에 내려서 관광도 하지만, 세계 각지에서 초청해 모신 여러 성직자의 설교와 강론을 듣고 성경 공부를 맹렬히 하는 것으로 알려졌다. 나의 지인이신 미국인 부부가 "신자들의 크루즈"를 갔었는데 너무 좋았었다고 했다.

:: 1인 승객을 위한 홀로족 모임

지난 몇십 년 동안 세계적으로 인구구조에 가장 큰 변화가 일어난 부분은 남녀노소를 불문하고 혼자 사는 홀로족 인구가 급증했다는 것이다. 크루즈회사들은 이와 같은 인구구조에 매우 민감하다. 사업을 성공적으로 이끌어 가야 하니 인구변동에 큰 관심을 쏟지 않을 수가 없다. 혼자 사는 손님들뿐만 아니라 배우자가 있지만 혼자 여행하는 손님들을 유치하려면 이들에게 신경을 써야 한다.

과거에는 홀로 크루즈를 하게 되면 2인 객실을 혼자 사용해야 하기 때문에 2인분의 요금을 지불해야 하니 부담스러운 경우가 많았다. 비행기와 마찬가지다. 크루즈 배도 빈 객실로 항행하는 것은 그만큼 수입을 올릴 기회를 놓친 것이 된다. 빈 객실을 채우는 전략으로 홀로족 승객들을 몇 단계 할인으로 유인하면서부터 최근에는 크루즈 배에 홀로 승객이 무척 많아졌다는 것을 느끼게 된다. 홀로족 승객들끼리 서로 교제하는 기회를 마련하기 위해 크루즈 배에는 매일 저녁 홀로 오신 승객들을 위한 홀로족 모임이 있다.

크루즈회사는 한순간이라도 승객들을 지루하고 심심하게 했다가는 큰일이라도 나는 것처럼 종일 정성껏 손님들을 즐겁게 해주기 위해 크고 작은 행사들이 부지기수로 많다. 중복되는 행사들도 많기 때문에 이 모든 행사를 다 참석하는 것은 불가능하고 개인

취향에 맞게 골라서 참여할 수밖에 없다. 요리 강습, 빙고, 브리지 (bridge) 게임, 카드 게임 등도 있고 여러 가지 오락들도 많다. 몇 년 전에는 하모니카 강습이 하루에 1시간 5일 동안 계속돼서 뜻하지 않게 잠깐이나마 하모니카를 배울 기회가 있었다. 크루즈하는 동안 하모니카 강습이 있을 거라는 건 아무도 상상을 못 했을 것이다. 가끔은 하루 일정이 너무 복잡다단하다는 생각이 들 때가 있지만 4,000~5,000명 승객들의 취향과 기대치가 다르다 보니 이렇게 할 수밖에 없다고 이해가 되기도 한다.

기항지에서의 여행

크루즈 여행의 멋 중 하나는 기항지에 도착한 후 배에서 하선하고 그 지역을 관광하는 것이다. 기항지에 도착하기 전 승객들은 인터넷에서 기항지 관광명소들을 찾고 계획을 세울 것이다. 기항지를 관광하는 방법에는 몇 가지가 있는데, 각각 장단점들이 있다.

:: 크루즈회사가 운영하는 단체관광

크루즈 예약이 끝나고 나면 곧 크루즈회사로부터 기항지 관광에 대한 안내 및 선전물자가 이메일로 오기 시작한다. 기항지 부근의 관광명소를 소개하면서 단체 관광객들을 모집하는 것이다.

크루즈회사가 기항지 단체관광을 운영하는데 단점은 비용이 상대적으로 비싼 편이고, 단체 관광객들은 아침 7시~7시 30분에 집합을 해서 하선을 하면 곧 관광버스가 기다리고 있다. 나도 크루즈회사가 운영하는 단체관광을 몇 번 했는데 아침 일찍 식사를 끝낸 후 준비를 완료하고 집합 장소에 7시까지 도착해야 하는 것이 나에게는 상당히 부담스러웠다.

크루즈 단체관광이기 때문에 전문 관광 안내자가 친절히 안내를 해주고 모든 해설은 영어로 한다. 안내자들은 현지인들이기 때문에 영어가 모국어인 관광객들도 알아듣기 쉽지 않고, 귀에 익숙지 않은 발음으로 설명할 때도 많이 있다. 영어에 어느 정도 능통하지 않으면 해설자가 있으나 마나가 되어 버릴 수도 있으니 참고하시기 바란다.

장점은 점심 식사가 포함되어 있으며, 가능성은 매우 희박하지만, 만약 교통사고나 교통상황이 복잡해서 관광버스가 배가 출항하기 전까지 cruise terminal에 도착을 못 하는 경우 크루즈 선박은 모든 관광객이 승선을 완료할 때까지 기다려 준다. 지정된 시간까지 승선해야만 한다는 긴장감이나 초조함을 갖지 않고 마음 편히 관광할 수 있다는 점이 큰 장점이라 하겠다.

크루즈 단체관광은 승객을 버스 1대에 보통 20~30명으로 제약을 둔다. 만약 45명의 승객들이 예약하면, 안내자 2명에 버스 2대를 운행한다. 크루즈 단체관광에 관심이 있다면 미리 알아보는 것이 좋다. 이름난 기항지에서의 크루즈 단체 관광은 매진되는 경우가 많다. 예약은 크루즈가 시작하기 전 인터넷상으로 할 수도 있고, 승선 후 크루즈 항행을 하면서 크루즈 App을 통해서나 reception desk(고객센터)에 가서 하면 된다.

:: 현지 관광회사가 운영하는 단체관광

크루즈 단체관광을 하는 승객의 비율은 그렇게 높지 않다. 대부분의 승객들은 다른 방법을 취한다. 제일 많이 택하는 방법이 기항지 현지 관광회사가 운영하는 단체관광이다. 기항지에서 하선하고 cruise terminal을 걸어 나오면 맨 먼저 접하는 사람들이 호객하는 현지 관광회사 직원들이다. 자기 회사 관광버스로 유치하려고 온갖 노력을 한다. 관광 안내서를 보여주면서 유혹한다. 현지 관광버스는 대부분 8~12인승 한국의 승합차와 유사하다. 크루즈 단체관광은 모든 여행객이 부담하는 비용이 같은 반면, 현지 관광버스는 호객과 협상을 어떻게 하느냐에 따라서 승객이 부담하는 비용이 달라지는 경우가 허다하다. 크루즈회사의 단체관광은 장점이 있긴 하지만, 거의 비슷한 현지 관광에 비해 2~3배가 더 비쌀 수 있다.

몇 년 전 지중해를 크루즈하던 중 기항지인 이탈리아의 시칠리아에서 하선했다. 유명한 관광지로 알려진 타오르미나(Taormina) 관광을 결정하고 cruise terminal을 나왔다. 2명의 호객이 접근하면서 관광 합승버스에 10명이 타고 있는데 2명만 더 타면 출발한다고 하면서 다른 승객들은 80유로를 지불했지만, 60유로만 내라는 것이었다. 흥정을 하고 싶은 마음에 40유로에 하자고 했었지만, 거절하는 것이었다. 사실은 60유로에 가려고 했으나, 쇼를 좀 부리려고 미련 없이 돌아서는 척하자 직원이 나를 부르면서 40유로만 내라고 제안했다.

현지 단체관광도 운이 좋으면 일류급 안내자를 만날 수 있으나, 어떤 경우에 영어가 부족한 안내자를 만나게 되면 답답하고 아쉬울 때도 있다. 현지 단체관광의 단점은 만약 예기치 않은 일이 발생해서 크루즈 출항 시간 전에 돌아오지 못하면 관광객 모두는 크루즈 배를 놓치게 된다. 이런 경우는 매우 드물지만, 크루즈 배를 놓친다는 것은 보통 심각한 문제가 아니다. 크루즈 배 회사 측은 출항하는 순간에 누가 배를 놓쳤다는 것을 정확히 알고 있다. 하선할 때 승객 개개인이 컴퓨터 추적기에 기록되고 승선할 때도 확인되지만, 절대 기다려 주지 않는다. 현지 관광을 시작할 때는 충분한 시간적인 여유를 두고 cruise terminal에 돌아올 것을 확인해야 한다.

기항지에 내려서 관광할 때는 잊지 말고 여권을 챙겨야 한다. 이런 일이 발생해서는 절대 안 되겠지만, 배를 놓쳤는데 여권을 크루즈 배 객실 귀중품 보관함에 놓고 나왔다면, 현지 국가를 떠날 수가 없으니 문제가 심각해진다.

2024년 3월 말 Norwegian 크루즈 배가 서부 아프리카의 작은 섬 Sao Tome에 도착했다. 승객들은 하선하고 Sao Tome 섬의 그림처럼 아름다운 경치를 구경한 후 크루즈 배가 출항하기 전에 승선했다. 불행히도 6명의 미국인과 2명의 호주 관광객들은 크루즈 배가 문을 닫기 전까지 크루즈 배에 도착할 수 없는 상황이었다. Sao Tome 해경 당국은 이 상황을 Norwegian 크루즈 선장에게 연락하고 8명의 승객을 위해 기다려 주기를 호소했으나, 크루즈 선박은

8명의 승객을 아프리카의 작은 섬에 냉정하게 남겨둔 채 떠나 버렸다. 8명의 승객 중에는 임산부와 휠체어를 탄 장애인도 있었고, 처방 약이 필요한 심장병 환자도 있었지만, 크루즈 선박은 잔인할 정도로 개인적인 사정을 고려하지 않는다.

강조하지만 크루즈 선박은 늦게 돌아오는 승객을 절대 기다려 주는 법이 없다. 이런 경우엔 비행기로 다음 기항지까지 가서 크루즈 배에 승선해야 한다. 이들 중 두 미국 부부는 다행히 여권과 신용카드를 소지하고 있었기 때문에 크루즈의 다음 기항지인 Dakar, Senegal까지 가서 놓쳐버린 Norwegian 크루즈 배에 승선할 수 있었는데 숙박비, 비행기, 교통비 등 $7,000(약 900만 원) 이상을 소요했다고 한다.

2024년 5월 초 Norwegian 크루즈 Viva호는 기항지인 Motril, Spain 항구에 정박했다. 승객들은 하선하고 인근에 위치한 Granada 시내 알람브라 궁전을 관광한 후 현지 시각 오후 5시 30분까지 승선하도록 했고, Viva호는 오후 6시 정각에 출항할 예정이었다. 80대 미국인 Gordon 씨 부부는 하선한 후 현지 관광회사의 승합차로 알람브라 궁전을 구경한 다음 크루즈 배에 승선하기 위해 Motril 항구로 돌아오는 길에 뜻하지 않게 폭우를 만나 돌아오는 시간이 늦어질 수밖에 없었다. 5시 45분경 Gordon 씨는 5~10분쯤 늦게 도착하게 되겠다고 크루즈 선박에 연락했으나 들은 척도 안 하는 것이었다. 오후 6시 10분 항구에 도착했을 때는 이미 Viva호는 10분 전 6시 정각에 예정대로 출항을 해버렸다. 이 소식을 듣고 미국 Salt Lake City에 살고 있는 Gordon 씨 딸은 밤을 지새우면서 다음 기항지인 Palma de Mallorca, Spain까지 부모님들을 위해 일정을 짜고 비행기표를 구입해야 했다. 조그마한 항구도시 Motril에서 Palma de Mallorca까지 이동하는 과정은 인천에서 로스앤젤레스까지 이동하는 것처럼 쉽지 않다. 이처럼 크루즈 배를 놓치는 경우는 극히 드물지만, 가끔은 일어나는 현상이다. 꿈에 그리던 환상의 크루즈 여행이 악몽이 돼버릴 수도 있으니, 1초 늦게 도착하는 것보다는 1시간 더 빨리 cruise terminal에 돌아오도록 해야 한다.

25명의 육지 단체 관광에서도 기다리는 버스에 늦게 돌아오는 손님들이 가끔 있다. 4,000~5,000명의 크루즈 승객들이 기항지 전 지역을 여기저기 널리 흩어져 탐방하는데 늦게 도착하는 승객들을 관광버스처럼 기다려 줬다가는 당일 출항을 할 수가 없게 될는지도 모른다. 잔인하게 생각이 될는지 모르지만, 다른 승객들에 대한 배려의 정신으로 우리가 이해해야 한다. 예약한 호텔은 10시간을 늦게 도착하더라도 우리를 기다려 주지만, 크루즈 선박은 항상 항행하면서 예정된 시간에 기항지를 출발해야 한다. 멀리서 볼 때는 크루즈 배들이 느긋하게 여유가 있는 것처럼 보이지만 그런 건 아니다. 크루즈 배 일정은 항상 매우 빠듯하다고 알려졌다.

최근에는 인터넷 사용이 널리 보급되어 웬만한 관광명소 입장권, 버스, 기차표 등을 인터넷으로 처리할 수 있다. 하지만, 인터넷에서는 매진이 됐지만 크루즈 배 고객센터에서나 다른 방법으로 더 저렴한 가격에 구입할 수도 있다.

알래스카 크루즈를 하면 기항지인 Skagway, Alaska에 하루를 정박한다. 대부분의 크루즈 승객들은 하선하자마자 Skagway 기차 정거장에서 White Pass Scenic Railway 기차를 탄다. cruise terminal에서 정거장까지는 도보로 약 10분 거리다. 기차가 White Pass 정상에서 Skagway로 다시 돌아오는 데 약 2시간 30분 정도 걸린다. 1800년대 말 건설된 약 20마일(32km) 거리의 알래스카 절경 산속을 옛날 기차를 타고 지나간다. 오래된 옛날 기차이긴 하지만 내부에 화장실도 있다.

배에서 내리면 곧 암표상(?)들이 기차표를 파는데 얼마냐고 물어보니 크루즈에서보다 훨씬 저렴했다. 그런데 기차 정거장에 가서 가격표를 보니 암표상의 가격보다 좀 더 저렴한 것이었다. 나는 Skagway를 3번 방문했는데, 갈 때마다 기차를 탔다. 처음엔 몰랐기 때문에 크루즈 고객센터에서 표를 구매했지만, 두 번째부터는 기차 정거장에서 저렴한 가격으로 구매했다.

Skagway, Alaska

　기후 관계로 알래스카 크루즈는 4월 20일경부터 시작한다. 내가 갔을 때는 비수기인 4월과 5월이었기 때문인지 모르나 기차는 약 20~30%가 빈 좌석이었다. 크루즈회사와 암표상이 팔지 못한 좌석들도 포함되겠지만, 표가 매진되었을 때는 다음 기차를 타면 된다. 다음 기차를 기다리는 동안 Skagway 마을을 구경하면서 알래스카 개척의 역사를 엿볼 수가 있다. 기차 여행 후 3시간 정도 여유가 있어서 Skagway 관광안내소의 소개로 부근의 알래스카 산속을 2시간 이상 하이킹(hiking)을 했던 적도 있었다. 하늘이 주신 놀라운 작품의 하나인 알래스카의 경이한 산속을 걸어 다니면서 창조주의 손길을 느낄 수 있다는 것은 인간으로서 최고의 특권이요, 기쁨이다. 이런 경험을 할 수 있다는 것이 육지 단체관광에서는 맛볼 수 없는 크루즈의 특징인 것 같다.

하이킹을 좋아하는 나는 기항지에 도착하면 적절한 하이킹 코스가 있을 때마다 1~3시간 정도 하이킹을 한다. 크루즈 여행을 하면서 그 지역의 등산코스를 찾아 하이킹하는 승객은 별로 없는 것 같다. 어느 땐가 다른 승객들에게 기항지에서 하이킹을 2시간 했다고 했더니 깜짝 놀라면서 어떻게 그럴 수가 있냐며 믿을 수가 없다는 것이었다. 여행을 많이 하다 보면 경험을 통해서 비용을 조금이나마 절약하는 방법을 터득할 수가 있게 되는 것 같다. 크루즈 배 안에서는 모든 것이 육지에서보다 비싸다. 영리를 목적으로 하는 크루즈 사업이기 때문에 이 점은 우리가 이해해야 할 것 같다.

:: 기항지 자유여행

기항지에서 자유여행은 충분히 가능하다. 어떤 식으로 하느냐에 따라서 맛과 색깔이 달라질 수가 있다. 택시, 시내버스, 도보 등 방법은 여러 가지가 있다. 제일 쉽고 편한 방법은 택시나 우버(Uber)를 타는 것이다. 기항지에 도착해서 cruise terminal을 나오면 택시 기사들을 많이 만나게 된다. 택시를 이용한 자유여행의 단점은 비용이 좀 높을 수가 있지만, 장점은 빠른 시간 내에 광범위하게 여러 곳을 구경할 수가 있고 다행히 운이 좋아 택시 기사가 영어를 조금 하면 관광 안내를 받을 수가 있어서 일거양득이다. 나도 여러 번 택시를 사용했는데, 거의 매번 다른 크루즈 승객과 합승해서 비용을 절약할 수도 있었고, 합승한 승객들을 친구로 사귈 수가 있어서 좋았으며 신변안전에도 좋았다.

앞에서도 강조했지만, 해외여행을 할 때는 신변안전에 적극 신경을 쓰고 불필요한 모험이나 위험은 피해야 하는 것이 현명하다. 수많은 다른 나라들은 사회 안전 면에서 우리 한국 사회와는 상당히 다를 수가 있다는 것을 알아야 한다. 우리말에 "무식하면 용감하다"라는 표현이 있다. 해외여행을 할 때는 "무식하면 당한다"가될 수가 있으니, 위험지역이나 불안전한 환경을 미리 문의해 보고 피할 것을 추천한다. 불행히도 지역에 따라서는 택시 기사도 조심해야 한다. 치안이 좋지 않은 지역을 자유여행 할 때는 안전 면에서라도 택시를 다른 여행객과 함께 타길 권한다. 안전 면에서 나는 여성 택시 기사를 선호한다. 개인적인 편견이겠지만, 어쩐지 여성 택시 기사가 더 믿음직스럽고 안전할 거라는 생각이 든다.

언젠가 크루즈 배가 Quilcombo, Chile에 정박했을 때 자유여행을 했는데 여성 기사 분을 택하여 하루 7시간 택시를 대절했다. 30대 후반 여성이었는데 대학교 때 영어를 전공했다면서 영어가 능숙해서 편하고 좋았으며, 인근지역, La Serena, Chile까지 친절히 안내를 해준 1류급 관광 안내자였다. Quilcombo에서 태어나서 대학 교육까지 받은 최고의 안내자였다. 2014년에 100km 떨어진 바닷속에서 8.2 지진이 발생하여 쓰나미 피해가 컸다고 설명을 해줬다. 브라질에서 온 관광객 부부를 자기 택시에 태우고, 우리가 구경하고 있는 해변을 달리고 있을 때 쓰나미가 몰려오는 것을 보고 뒤에 앉아 있던 관광객들은 기겁하며 공포에 질려 소리를 지르고, 자기는 온갖 속력을 내서 산 쪽으로 차를 몰았고, 천만다행으로 그 지역 지리를 잘 알고 있었기 때문에 간신히 쓰나미를 피할수가 있었다고 한다. 이런 아슬아슬한 이야기도 들을 기회가 있다는 것이 여행의 즐거움인 것 같다.

　나는 크루즈 기항지에 도착하면 자유여행을 주로 하는 편이다. 세계 어딜 가든 웬만한 도시에는 Hop-on Hop-off(HOHO)라 불리는 관광버스가 있다. 서울 광화문 앞에서 탈 수 있는 서울시티투어버스와 아주 유사하다. 예를 들면, 부에노스아이레스(Buenos Aires)에서 Hop-on Hop-off 버스를 타면 약 1시간 30분~2시간 동안 시내 곳곳 관광명소를 돌면서 20여 곳에 정차한다. 버스 승객들은 관심 있는 명소에 내려서 그 부근을 여유 있게 구경하고 다음에 오는 Hop-on Hop-off 버스를 타고 다음 관광지로 이동하면 된다.

　버스는 보통 20~30분에 1대씩 온다. 기항지에 따라서 cruise terminal에서 도보로 10~15분 이내에 Hop-on Hop-off 버스정류소가 있는 곳이 있고, 훨씬 더 멀리 도시 중심지에 있는 곳도 있다. 어떤 기항지에는 크루즈회사에서 승객들의 편의를 위해 셔틀버스 서비스를 무료로 도시 중심지까지 제공해 준다. 크루즈 배 출항 시간에 신경을 쓰면서 여유 있게 시간을 두고 다시 크루즈 배로 돌아오는 셔틀버스를 타도록 해야 한다. 이처럼 크루즈회사가 무료로 제공하는 셔틀버스 서비스는 daily patter에 공고가 되니, 전날 저녁에 daily patter를 주의 깊게 신경을 써서 읽어 보길 권하겠다.

뉴욕이나 마이애미처럼 기항지가 대도시인 경우도 많지만, 코스타리카의 푼타레나스(Puntarenas, Costa Rica)처럼 인구 130,000명 정도의 조그마한 항구도시들도 있다. 이런 소도시에는 물론 Hop-on Hop-off 버스는 없고, 경제적으로 크루즈 승객들에게 크게 의지하는 택시나 관광 합승 버스가 운행한다. 대부분의 크루즈 승객들은 택시나 관광 합승버스, 혹은 크루즈회사 관광버스로 도시 주변을 탐방하고, 일부는 그림처럼 아름다운 해변에서 시간을 보낸다. 이름난 관광지를 방문하고 감상하며 그 나라의 전통, 문화, 역사를 배우는 것도 중요하지만, 나는 이런 기회를 이용해서 그 나라 사람들이 사는 이모저모의 모습을 직접 가까이에서 보고 싶었다. 그렇게 하려면 그 사회 속으로 깊숙이 걸어 들어가서 현지 사람들과 접촉하고 그들이 생활하는 모습을 들여다보아야 한다.

관광객들은 관광버스나 택시를 타고 현지 사회를 밖에서 겉모습만 보고 지나가는 것이 일반적이다. 경제적인 수준이 낮다고 알려진 국가들의 현실은 관광객들이 흔히 멀리서 보는 멋진 모습이 아니다. 1~2블록(block) 정도 현지인들이 사는 동네 속으로 걸음을 옮기면 아주 다른 사회가 펼쳐지는 것을 볼 수가 있다. 나는 푼타레나스 같은 사회를 몇 군데 들여다볼 기회가 있었다. 그 나라 사람들의 생활환경은 우리나라의 50년대나 60년대와 크게 다를 바가 없다. 경제적으로 어렵다고 해서 사람들이나 그들이 사는 주거환경이 꼭 위험한 것은 절대 아니다. 60년대 한국처럼 좀도둑, 소매치기, 노숙자들은 있지만, 거의 대다수 사람들은 오히려 순수하고 친절하다.

나는 현지 사람들의 생활환경을 4~5시간 정도 걸어 다니면서 관광버스로는 경험할 수 없는 것을 체험하려고 노력한다. 크루즈 기항지에 도착하면 내 자유여행의 상당 부분은 현지인들이 살고 있는 동네를 찾아 여기저기를 걸어서 탐방하는 것이다. 이들이 사는 현실의 모습을 대부분 관광객은 못 보고 지나간다.

환상을 현실로 바꾸는 & 크루즈 여행의 매력

:: 낯선 곳에서 발견하는 익숙한 쇼핑센터

기항지를 관광하면서 쇼핑을 즐기는 크루즈 승객들도 있지만, 나는 자유여행이건 단체여행이건 제일 피하고 싶은 곳은 쇼핑센터이다. 쇼핑센터의 구조나 분위기, 내부 시설들은 세계 어디를 가건 비슷하고, 물품 90%는 한국 백화점과 쇼핑센터에서 볼 수 있다. 화장실을 이용하거나 식사 이외에는 쇼핑센터에서 보내는 시간이 나에게는 아깝게만 느껴진다. 귀한 시간과 경비를 투자해서 새로운 지역을 관광하는데 왜 쇼핑센터를 들러야 하는지 가끔은 이해하기 어려울 때가 있다.

웬만한 관광지에는 예외 없이 맥도널드, 버거킹, 스타벅스, 아기자기한 카페들이 있다. 걸어서 자유여행을 할 때 나에게는 커피 한잔에 간단한 간식을 시켜놓고 잠깐 쉴 수 있는 편안한 쉼터가 되어주는 곳들이다. 또 다른 이점은 맥도널드, 버거킹, 스타벅스, 현지 카페에서 Wi-Fi 연결을 무료로 할 수 있다는 것이다. 해외여행을 하면서 관광객들은 자기 고향에서 매일 보는 눈에 익숙한 맥도널드, 버거킹, 스타벅스 간판을 보면 고향 집에 찾아온 것처럼 반갑고, 친밀감과 안정감을 느낀다고 한다. 충분히 이해할 만하다. 내가 살고 있는 광화문 아파트 주변에 "나주 곰탕집"이 있다. 지나갈 때마다 "나주 곰탕집" 간판을 피할 수가 없다. 곰탕을 좋아하지는 않지만, 피곤한 몸을 이끌고 베를린 시내를 자유여행하던 중 "나주 곰탕집" 간판이 눈앞에 나타난다면, 무척이나 반갑고 친밀감을 느낄 것 같다.

:: 크루즈배는 늦은 승객을 기다려 주지 않는다

크루즈를 하면서 꼭 알아두어야 할 중요한 사항을 잘 모르거나 의문이 있을 때는 서슴지 말고 직원들에게 물어보아야 한다. 그래야만 크루즈를 마음껏 더 즐길 수가 있다. 기항지에서 하선 후 입국할 때 그 나라의 방역 규정에 따라 과일을 지니고 입국하지 못할 수도 있다. 나도 몇 번 입국장에서 buffet 식당에서 가지고 나온 바나나와 오렌지를 압수당한 적이 있었다.

그리고 거듭 강조하고 싶은 사항은 기항지에서 관광 후 정해진 시간 이전에 꼭 승선해야 한다는 점이다. 만약 승선 시간이 오후 7시라고 한다면, 나는 항상 5시 30분~6시까지 승선할 계획을 하고 관광을 시작한다. 객지에서 관광을 하다 보면 예기치 못한 이변이 일어날 수도 있고 cruise terminal 지형이 복잡해서 승선하는 데 예상보다 2~3배가 시간이 더 걸리는 곳도 있다. 크루즈 선박은 늦게 도착하는 승객을 절대 기다려 주질 않는다는 것을 명심해야 한다. 버스나 택시와는 달리 한 발짝 늦게 도착한 승객도 기다려 주는 법이 없다. 나도 크루즈 배를 놓칠 뻔했던 아슬아슬한 순간이 두 번이나 있었다. 이것도 되돌아보면 너무도 즐거운 크루즈 여행의 아름다운 추억으로 남아있다.

남미에서 대서양을 가로질러 북유럽까지 가는 크루즈를 탔었다. 기항지 중 하나인 네덜란드(히딩크 감독의 나라)의 로테르담(Rotterdam)에 크루즈 배가 도착했을 때는 비가 오고 바람이 부는 날이었다. 나는 로테르담시 근교에 위치한 Delfshaven이라는 곳을 구경하려고 cruise terminal 부근에서 water taxi(작은 모터보트)를 탔다. Water taxi는 약 30분 후에 목적지에 도착했다. 돌아오는 water taxi를 예약하겠다고 했더니, 선장은 전화번호를 주면서 출발하고 싶은 시간 1시간 전에 전화하라고 했다.

그 지역의 이름난 아름다운 수로(canal)를 구경하고 로테르담으로 되돌아가려고 water taxi 회사 번호로 전화를 했다. 이게 웬일인가? 전화를 받는 직원은 없고 현지 언어인 네덜란드 말로 된 녹음만 계속 나오는 것이었다. 시간은 흘러가고 비바람은 계속 불어오는데 마음이 조금 불안해지기 시작했다. 한참을 갈팡질팡하고 있는데 빗속에서 40대 여성이 강아지를 데리고 수로 언덕을 거닐고 있었다. 자초지종을 설명하고 도움을 청했다. 천만다행으로 우선 이분은 영어를 아주 유창하게 잘하셨다. 친절하게 15분 동안을 전화상으로 노력하셨지만 water taxi 회사와는 연결이 되지 않았다. 큰길 쪽으로 눈을 돌려보니 차량도 별로 없고 지나가는 사람들도 없었다. 일반 택시라도 불러 타야겠다고 했더니, "오늘이 우리나라 공휴일입니다. 택시를 부르기 쉽지 않을 테니 기차를 타고 가세요."라고 하시며 기차 정거장을 가르쳐 주었다.

정거장까지 20분 정도 걸어갔다. 기차는 운행이 되는데 직원은 한 명도 보이질 않고 표를 구매할 수가 없었다. 기차를 기다리는 어느 분에게 상황을 설명했더니, 그냥 승차하고 기차 내에서 지불하라는 것이었다. 승차 후 단말기에 아무리 신용카드를 찍어도 결제가 되지 않는 것이었다. 상황을 눈치챈 승객 한 분이 내 곁에 와서 그냥 타고 가라는 것이었다. 약 30분 동안 본의 아니게 무임승차를 하고 로테르담 중앙정거장에서 하차했다.

종일 비바람은 그칠 줄을 몰랐다. 정거장에서 cruise terminal까지 1시간 정도를 숨 가쁘게 빠른 걸음으로 뛰다시피 했더니 다리에 힘은 빠지고 쓰러질 것만 같았다. 천만다행으로 무사히 크루즈 배에 승선했다. 예기치 못한 일들이 연이어 벌어지면 배를 놓칠 수가 있겠구나 하는 생각이 들었다. 지나고 보니 로테르담에서의 아슬아슬했던 순간들이 기억에 오래 남는 아름다운 추억으로 변해 버렸다. 네덜란드의 안개 자욱한 수로를 우산을 들고 거니는 것은 상상하기 어려운 낭만의 절정이었다. 바로 이런 경험들이 크루즈 여행의 매력인 것 같다.

외국 여행을 하다 보면 언어 소통의 불편을 누구나 한두 번은 경험하게 된다. 언어 문제 때문에 크루즈를 놓칠 뻔했던 적도 있었다. 내가 탔던 크루즈 선박은 어느 날 기항지인 이탈리아 로마에 정박했다. 사실 크루즈 선박은 로마에서 버스나 택시, 기차로 1시간 30분 거리에 위치한 치비타베키아(Civitavecchia, old city라는 뜻) 항구에 정박했다. 택시는 너무 비싸고, 기차를 타려면 항구에서 기차역까지 이동해야 하는 불편함이 있기 때문에 버스가 가장 편리할 것 같아 버스를 타고 로마로 갔었다. 로마 관광이 끝나고 시간에 맞춰 버스로 다시 치비타베키아 항구로 왔다. 그날따라 교통이 복잡해서 항구까지 오는 데 약 2시간이 걸렸다. 큰 항구에는 cruise terminal이 2~3개 이상 있을 수 있으며, 독일 함부르크 항구에는 cruise terminal이 무려 5개나 된다고 한다.

치비타베키아에 도착했을 때 버스 기사에게 2번을 여기가 Princess cruise terminal이냐고 물었더니 고개를 끄덕이면서 내리라고 하는 것이었다. 버스 기사는 영어를 전혀 못 하면서 그냥 내리라고 했던 것이었다. "Cruise Terminal" 푯말을 한참 따라가다 보니 다른 크루즈 배의 터미널이었다. 되돌아가려고 하니 나를 내려준 버스는 이미 떠나가 버렸고, 택시는 한 대도 보이지 않았다. 내가 타야 할 크루즈 배 터미널까지 지름길로 가려고 하니 철조망이 가로막혀 돌아가야 하는데 20분을 더 걸어서 간신히 크루즈 배를 놓치지 않고 승선할 수 있었다.

두 번의 가슴 조이는 경험을 통해 그 후부터는 30분에서 1시간 전까지가 아니고, 1시간에서 1시간 30분 이전까지는 크루즈 배에 도착하는 것을 목표로 하고 기항지 관광을 한다. 크루즈의 기항지 출항 시각은 daily patter와 gang way에 공지돼 있으니 하선할 때 출항 시각에 신경을 쓰고 꼭 확인해야 한다. 여행길에는 현지 시각이 자주 바뀐다. 현지 시각에 주의를 기울여야 하며, 휴대전화 시계가 Wi-Fi 연결이 안 되면 현지 시각으로 자동으로 바뀌지 않을 때가 있으니 특히 신경을 써야 한다. 크루즈 여행 중에 가장 정확한 현지 시각은 객실에 있는 TV를 켜면 알 수 있다.

관광지 신변안전

전혀 생소한 지역을 관광할 때 방문하는 나라의 치안과 신변안전에 신경을 쓰는 것이 현명하다. 유럽 일부, 중남미, 아프리카 지역을 여행할 때는 신변안전에 각별히 조심해야 한다. 그간 여행을 하면서 크고 작은 피해를 당한 여행객들이 부지기수로 많았다. 같은 동행자들이 당한 경우도 있었고, 나도 피해를 본 경험이 있다. 여행 중 다른 관광객들이 대낮에 번화가에서 피해를 당하는 것을 목격한 적도 있다. 현지 경찰관 2명이 약 40~50미터 거리에서 순찰하고 있었지만 이런 불상사를 예방하지는 못했다. 기항지에 크루즈 배가 정박을 했을 땐 그 지역 경제에 크게 기여를 한다. 경제적인 이유 때문에 많은 국가들은 크루즈 배가 자기 나라에 정박하도록 마케팅하고 항만개발에 대규모 투자도 한다. 관광객에 대한 불상사가 자주 발생하는 기항지는 승객의 안전을 위해 크루즈회사에서 기항을 취소하는 경우도 가끔 발생한다.

2024년 4월에 Royal Caribbean 크루즈회사는 관광객을 노리는 갱 폭행과 불상사가 자주 발생하는 Labadee, Haiti를 승객들의 안전이 보장될 때까지 몇 달 동안 기항을 취소한다고 발표했다. 특히 Haiti 같은 나라는 관광객들이 지역경제에 큰 공헌을 할 텐데, 크루즈회사의 기항지 취소는 큰 타격을 줄 거라 생각한다.

2017년 나는 단체관광으로 아프리카를 여행했었다. 남아공 요하네스버그(Johannesburg, South Africa)에서 저녁 식사를 끝내고 우리 일행 26명은 관광버스에 탑승하고 버스가 출발하길 기다리고 있었다. 관광객을 가득 실은 우리가 탄 관광버스는 눈 깜박할 사이에 4인조 무장 강도들에게 납치돼 버리고 말았다. 1시간 30분 동안 인질로 감금된 우리는 상상할 수도 없는 공포 속에서 벌벌 떨고 있었으며 강도들은 관광객들에게 총기를 겨누고 폭력을 가하면서 현금, 귀금속, 물품, 여권 등을 강탈해 가버렸다. 폭행으로 인한 육체적인 상처는 당했지만 다행히 인명피해는 없었다.

공포 속에서 관광객들은 전신이 얼어붙어 마비가 돼버렸으며 2시간 후 경찰서에서 진술할 때까지도 공포에 질린 관광객 몇 명은 본인의 이름조차 기억하지 못할 정도였다. 새파란 공포 속에서는 입이 얼어붙어 버리고 목이 막혀 소리를 내려고 해도 소리가 나오지도 않고, 몸이 굳어버려 의지대로 움직일 수도 없었다. 일행 중 여자분 3명은 정신적인 치료가 필요한 긴박한 상황이었다. 그때는 말할 수 없는 악몽이었지만 이제는 돈 주고도 살 수 없는 좋은 경험이었다는 생각이 든다. 말을 하고 싶어도 말소리가 나오질 않는 것이었고 10초가 10년 같았다. 정신적인 충격과 공포의 분위기가 인간의 몸과 마음과 정신을 한순간에 어떤 형태로 변화시켜 버릴 수 있으며 그 후유증이 어떠하다는 것을 실제 경험을 한 것이었다.

새벽 1시경 우리 관광객을 위해서 경찰서에 출두하신 요하네스버그 대사관에 근무하신 영사님께서 "한국 관광객들과 중국 관광객들이 현금을 많이 소지한다"라는 소문이 남아공에 많이 퍼져있는 것이 강도들의 표적이 되는 이유인 것 같다고 하셨다. 경찰 진술서에서 밝혀진 관광객들의 강탈당한 현금 액수를 보고 깜짝 놀랐다. 신용카드로 얼마든지 쉽게 결제할 수 있는 세상인데 무슨 현금을 저렇게도 많이 소지하고 여행을 다닐까?

해외여행 중 가장 어려운 고난이 여권을 분실, 소매치기 혹은 도난을 당했을 때다. 여권이 없으니 이동할 수가 없고 현지 국가에서 발이 묶여버린다. 내 지인이신 미국인 부부가 덴마크(Denmark)를 여행 중 남편 되시는 분이 여권을 분실했다. 코펜하겐(Copenhagen, Denmark) 미국대사관에 여권 발급을 신청하고 2주 이상을 호텔에서 투숙하면서 기다려야 했다. 호텔비용과 하루 세 끼 두 분의 식사 비용도 만만치 않았지만, 2주 이상을 호텔에서 초조하게 기다리는 시간이 2년처럼 느껴졌다고 했다.

아프리카 단체여행 중 요하네스버그에서 여권을 강탈당한 관광객 일부는 남아공을 떠날 수가 없었다. 그러나 여권을 신청한 지 놀랍게도 3일째에 새 여권이 발급되는 것이었다. 아무리 우리가 "빨리빨리 문화"라는 명성이 높긴 하지만 이건 정말 놀라웠다. 어느 나라 대사관이 잃어버린 자기 나라 관광객의 여권을 3일 이내에 재발급을 해줄 수 있을까? 여권을 3일 만에 발급받은 한국 관광객들은 너무도 고마운 마음에서 "대한민국 만세"를 외치고 싶었다고 한다.

해외 여러 나라를 여행 다녀보면 대한민국의 국력과 우리 정부의 국제외교 성공을 피부로 느끼게 된다. 다른 나라에 여행할 때마다 외교부 재외공관으로부터 우리는 문자 메시지를 받는다. 비상시에 대한민국 국민을 보호하고 도움을 주기 위해 그 지역의 연락처를 알려준다. 이 세상에 이런 나라는 없을 것 같다. 누구나 다 알고 있겠지만 해외여행 중 가장 신경을 써서 보관해야 할 물품은 현금도 귀중하지만 여권이 우선이다. 단체관광 중 여권을 분실했거나 다른 예기치 못한 일이 발생했을 때는 다른 여행객에도 크나큰 민폐를 끼칠 수가 있다.

기항지에서 이탈리아 로마를 단체관광하던 중 여행객 한 분이 길에서 건강상의 문제로 의식을 잃고 쓰러지셨다. 이때 우리 일행은 예약된 식당으로 걸어가고 있었다. 이 부부는 미국 콜로라도(Colorado)주에서 오셨는데 대학교 때 미식 축구선수로서 130kg 정도의 거구에 과체중이셨다. 그분 부인은 동남아에서 이민 온 사람들에게 영어를 가르치는 교사였고 우리는 곧 가까운 사이가 됐다. 부인은 곁에서 어찌할 바를 모르고, 관광 안내자 두 분도 안절부절못했다. 다행히 이분은 의식을 회복했으나, 원래 식당 예약은 취소되었다. 2시간 후 30명의 관광객을 받아줄 수 있는 식당을 겨우 찾아갔을 때는 2시 30분이 넘었고 오후 관광 일정은 완전히 흘러간 물이 되었다.

치안은 우리 한국 사회는 언제 어딜 가나 매우 안전한 곳이다. 사회 안전이 최고로 좋은 나라다. 이건 외국 관광객을 유치하는 데 엄청나게 유리한 점이며 세계에서 가장 안전한 국가 중의 하나가 대한민국이다. 우리에겐 보통 큰 자랑거리가 아닐 수가 없다. 크루즈하는 동안 기항지 소개와 세미나를 가능한 한 꼭 참석할 것을 추천하겠다. 인터넷에서 조회하면 여행객이 필요한 정보를 쉽게 얻을 수 있겠지만, 인터넷에서는 얻을 수 없는 정보나 여행의 지혜를 전문가로부터 직접 설명 들을 수가 있다. 그 지역의 치안과 신변안전에 대한 정보는 인터넷이 여행전문가를 당할 수가 없다.

여기서 거듭 강조하겠다. 해외여행 할 때는 제일 중요한 사항이 신변안전이다. 단체관광은 물론이지만, 자유여행을 할 때는 각별한 조심이 필요하다. 불필요한 모험이나 위험은 절대 피해야 하며, 신변안전을 항상 염두에 두고 행동하는 것이 현명하다. 만약 무슨 불상사가 발생했을 때 한국 영사관이나 대사관에 연락해서 도움을 청해야 하지만, 옆 동네 찾아가듯 금방 누가 올 수 있는 상황은 아니다. 언어도 통하지 않는 외국땅에서 난감한 처지가 될 수 있으니 조심해야 한다. 불상사는 일어나지 않을 거라고 믿고 있을 때 순간적으로 일어난다. 요하네스버그에서 우리 일행이 4인조 무장 강도들에게 납치를 당했을 때 그런 불상사를 당할 거라고 그 누구도 상상조차 하지 않았다.

자연 친화적 크루즈 여행

크루즈 여행, 육지 단체관광, 국내 여행을 하다 보면 마음이 묵직해질 때가 많이 있다. 창조주가 인간에게 주신 자연계의 아름답고, 신비롭고 오묘한 선물에 경이로움을 금치 못한다. 우리는 이처럼 귀한 하늘의 선물을 손상 없이 잘 보존해서 다음 세대에 물려줄 의무와 책임이 있다. 그러나 우리 인간은 과거 오랜 세월 주위 환경을 돌이킬 수 없을 정도로 오염시키고, 쉬지 않고 학대를 해왔다. 그 결과는 지구온난화와 기후변화로 우리는 지금 벌을 받고 있다는 느낌이 든다.

약 15년 전에 라디오에서 프로그램 진행자가 했던 말이 떠오른다. "대한민국 국민 1명당 1년에 사용하는 플라스틱 봉지 수는 평균 425개, 핀란드는 4개." 어느 정도 정확도가 있는 통계인지는 모르겠지만, 미국 사회와 비교했을 때 한국 사회가 너무도 과하게 플라스틱 봉지를 많이 사용하고 있는 것은 부인할 수가 없겠다. 핀란드와 주변 스칸디나비아(Scandinavia)반도의 나라들은 국민 개개인이나 국가가 환경보호 면에서 우리보다 훨씬 앞서 있다. 그간 큰 발전은 하고는 있지만, 한국 사회는 지금, 이 순간도 환경오염을 심하게 하고 있다.

필요 이상의 과잉 포장은 다른 나라에서는 보기 어려운 부끄러운 현상이다. 배달 음식에서 나오는 플라스틱 폐기 물질을 보는 순간 환경에 대해 걱정하지 않을 수가 없으며, 마음을 매우 아프게 한다. 크루즈 배가 기항지에 정박하고, 우리 마음을 설레게 하는 아름다운 해변에서 조금만 벗어나면 눈살을 찌푸리게 하는 폐기 물질이 쌓인 곳들을 자주 보게 된다. 식당이나 배달업에 종사하는 여러분들께는 미안하지만, 나는 환경보호를 위하는 차원에서 배달 음식을 단 한 번도 시켜 본 적 없다. 나는 과잉 포장도 거부하며, 바지 뒤 호주머니에 손수건처럼 항상 시장바구니를 접어서 넣고 다닌다. 핀란드 사람들은 이처럼 "시장바구니"를 습관적으로 지니고 다니며 불편을 느끼더라도 환경오염 물질 사용을 거부한다고 알려졌다. 우리도 이처럼 생활 습관을 바꾼다면 플라스틱 봉지 사용을 1년에 425개에서 4개로 줄일 수 있다고 믿는다.

50~60년 전엔 우리 한국인들도 별 불편을 느끼지 않고 이렇게 살았다. 플라스틱 봉지를 하나라도 덜 사용하면 그만큼 환경보호가 되는 것이다. 크루즈회사들도 바다를 항행 중 환경을 보호하기 위해 플라스틱 컵이나 종이컵, 플라스틱 빨대, 플라스틱 커피 휘젓기(stir) 들을 몇 년 전부터 없애버렸으며, 얼마 전부터 크루즈 배에서는 종이 냅킨 대신 천으로 된 냅킨을 사용한다. 크루즈 dining room이나 buffet 식사 중 종이 냅킨을 요청하면 직원으로부터 "공

해 방지책으로 공해 유발 가능성이 있는 물질들은 크루즈 배에서는 더 이상 사용하지 않습니다"라는 답을 듣게 될 것이다.

우리 자신과 가족들을 보호하고, 아름다운 자연을 유지하며 다음 세대에 물려주려면, 오늘부터 환경보호에 적극적으로 신경을 쓰면서 생활에 불편을 느낀다 해도 우리들의 생활 습관을 바꿔야 한다. 늦기 전에 각종 화학 약품에서부터 플라스틱 물질까지 환경 공해 원인이 되는 공해물질 사용을 최소화해야 하겠다. 이것은 반드시 우리가 지켜야 할 의무이며, 창조주에 대한 도리일 것 같다.

남극 크루즈를 하면서 전문가들의 해설을 들어보면, 지구온난화가 우리 인류에게 얼마나 심각한 변화를 불러오고 있다는 것을 이해할 수가 있다. 과학자들의 최근 연구 발표에 의하면 지난 12개월 동안 바다 수면 온도가 매일매일 기록을 깨고 있으며, 기후와 생태계의 변화 때문에 지구상에 큰 재난이 오고 있다고 예측하고 있다. 과학자들은 가속화되고 있는 지구온난화 현상으로 빙하가 녹아 해수면이 점점 높아지고, 사막의 면적이 해마다 넓어져 언젠가는 인류 문명이 멸망할 수도 있다고 경고한다.

방지책은 간단하다. 우리 개개인이 생활 습관을 바꾸면 된다. 지난주에 마드리드(Madrid, Spain)에서 국제선을 타고 인천공항으로 오면서 기내에서 커피와 커피에 타서 마실 크림을 주문했다. 승무원이 커피 그리고 크림과 함께 플라스틱으로 된 커피스틱을 주는 것이었다. 휘저을 것을 거절하자, 승무원이 물어본다. "정말 필요 없으세요?" "지구 환경보호를 위해 사용하지 않겠습니다." 승무원은 "당신 같은 승객은 처음입니다. 당신은 참 훌륭한 세계시민(world citizen)입니다."라고 칭찬을 해주는 것이다.

　아름다운 자연계를 다음 세대에게 우리가 물려받았던 아름다운 그 모습 그대로 물려줘야 하는 것이 우리의 책임이다. 지구는 지금 인간들의 환경오염으로 큰 상처를 받고 눈물을 흘리고 있는 것만 같다. 크루즈 여행의 매력은 항행하는 동안 배 안에서 잘 먹고 편히 쉬면서 순간순간 바뀌는 자연계를 감상하고 즐기며 여러 가지 생각할 기회를 얻게 된다. 하늘과 산과 바다가 절묘한 조화를 이루며 눈앞에 펼쳐지는 신비한 아름다운 창조주의 창조물을 보고 있노라면 나도 몰래 감탄과 감동의 눈물이 흘러나올 때도 있다. 창조주는 무슨 생각을 하시면서 저런 놀라운 작품을 만들어 우리 인간들에게 아무런 조건도 없이 선물로 주셨을까? 하는 질문을 하지 않을 수가 없다. 인간은 지구를 오염시키면서 계속 망가뜨리고 있다. 인간은 창조주를 모독하고 있는 것 같다.

남극 크루즈

Part 3

❦❦❦

크루즈에서 만난 사람들

Chapter 6

나는 교양 있는 크루즈 승객인가?

the allure of cruise travel

나의 태도가 국격을 정한다

∷ Ugly Korean은 되지 말자

1960년대 초에 세계적으로 떠돌아다니는 "ugly American"이라는 표현이 있었다. 지구촌 여러 곳을 여행 다니며 큰 소리로 시끄럽게 떠들면서 교만하고, 교양 없이 행동하며, 방문한 지역의 문화와 전통을 무시하고 깔보는 듯한 인상을 준 미국 관광객들에게 붙은 이름표였다. 사실은 2명의 미국인 저자 William Lederer와 Eugene Burdick의 저서 『Ugly American』이 어느 면에서는 부당하게 미국인들에게 주어진 ugly American이란 꼬리표의 원인이 된 것이었다.

그런데 어느새 ugly American이란 표현이 점점 사라지고 ugly Japanese라는 표현이 나타났었다. 갑자기 많은 일본 관광객이 해외여행을 하기 시작하면서 서구인들의 기준에 어긋난 행동을 하자 곧 ugly Japanese라는 표현이 나온 것이다. 그러나 겸손하고 예의 바른 일본인들이 이런 표현을 한순간에 무색하게 만들어 버렸다.

한국을 떠나 다른 나라를 여행할 때는 국제무대에서 한국을 대표한다는 의무감을 마음속에 안고 조심스럽게 처신해야 한다. 국제화를 가장 성공적으로 하는 길은 세계 사람들에게 한국인에 대한 호감과 신임, 믿음, 좋은 인상을 심어 주는 것이다. 좋은 인상은 한순간에 무너질 수 있지만, 나쁜 인상을 좋은 인상으로 바꾸는 데는 많은 노력과 시간이 필요하다. 아무리 원치 않는다고 해도 다른 나라 사람들은 우리 개개인의 언행을 보고 한국인 전체를 판단하게 된다. 우리도 마찬가지다. 어느 국가의 관광객이 한국에서 하는 행동을 보고 우리는 곧 "저 나라 사람은 저렇구나"하고 단정을 지을 때가 많다.

천만다행으로 우리는 세계 여러 곳에서 비교적 호의적인 인상을 준 것 같다. 이 세상 방방곡곡 한국인들이 가는 곳마다 대환영을 받고 일본인들보다 훨씬 더 겸손하고 예의 바르고 교양이 있는 사람들이라는 평판을 얻기를 간절히 바라는 마음에서 지난 40여 년 동안 세계를 여행하면서 보고 느낀 것을 솔직하게 서술하려고 한다. 한국인이건, 일본인이건, 중국인이건, 누구든 간에 나와는 전혀 다른 면을 보고 느끼고 경험한 독자들도 계실 거라 생각한다.

나의 표현이나 서술이 과하게 비판적이고 편파적이라고 느끼시는 분들도 계실는지 모르나 나의 의도는 딱 한 가지다. 불필요하게 독자들의 관심을 끌기 위해 극적으로 표현하려는 의도는 추호도 없고, 오로지 모든 것을 솔직하게, 보고 느낀 있는 그대로를 실례(實例)를 들면서 서술하려고 최대한 노력했다. 개인적으로나 국가적으로 발전을 하려면 잠시라도 하던 일을 멈추고 자신을 깊이 들여다보며 생각할 시간을 가져야 한다. 이 책이 바로 그런 기회를 마련해주는 자극이 되길 바란다.

:: 무례한 중국인 이미지

최근 20년 세계 관광지역을 가면 예외 없이 수많은 중국인을 마주치게 된다. 크루즈 여행을 하면 미국인과 캐나다인 승객 다음으로 중국 승객이 많다는 것을 금방 느낄 수가 있다.

10여 년 전 가까이 지냈던 70대 미국인 부부를 오랜만에 만났다. 이 부부는 최근에 3주 유럽 여행을 하고 오셨다. 이분들은 내가 한국인이란 것을 잘 알고 계신다. 만나자마자 중국인들에 대한 온갖 욕과 비난을 퍼붓기 시작했다. "3주 유럽 여행을 교양 없는 중국 미개인들 때문에 망쳤다."라며 흥분하는 것이었다. 가는 곳마다 중국 관광객을 피할 수가 없었는데, 아침 식사를 하러 호텔 방을 나오는 순간부터 소란을 피우는 중국인들 때문에 하루의 시작이 불쾌했고, 호텔 식당에서는 툭 부딪치고도 미안하다는 사과도 없이 지나치며, 큰 소리로 떠들어 대는 중국 관광객들 때문에 명랑한 여행이 아니었다고 하면서, 다음엔 중국인이 없는 곳을 찾아 여행을 가야겠다고 덧붙였다.

나는 그들 부부를 충분히 이해한다. 작년에 크루즈 여행을 갔을 때 Lido에서 buffet 식사를 할 때마다 소란스러운 중국인들을 피하기 위해 의도적으로 그들로부터 멀리 떨어져 앉으려고 노력했었다. 그동안 중국 관광객들이 여러 나라를 다니면서, 불쾌한 인상을 심어놨기 때문에 좋은 인상으로 바꾸는 데는 오랜 시간과 많은 노력이 필요할 것이다. 여러 나라 사람들이 불쾌감을 느끼면서 중국인을 피하려고 한다면, 이건 중국의 국제화 면에서 볼 때 보통 심각한 큰 문제가 아니다.

:: 한국인은 표정이 차갑다

캄보디아 유적지를 가면 내란 때 다친 사람들 5~6명이 앉아 한·중·일 음악을 연주하면서 현금을 청한다. 40~50미터 거리에서 중국 관광객들이 나타나면 중국 음악, 일본 관광객들이 나타나면 일본 음악, 그리고 한국 관광객들이 접근하면 아리랑을 연주한다. 관광 안내자에게 물었다.

"어떻게 저 먼 거리에서 관광객들이 한국인인지, 일본인인지, 중국인인지 분별하나요?"

안내자는 나에게 말해준다. "저 사람들은 틀린 적이 없습니다. 시끄럽게 떠들면서 요란스럽게 몰려오면 중국인이고, 조용하고 부드럽고 겸손해 보이는 인상이면 일본인이고, 얼굴이 굳어 있고 화가 난 차가운 표정의 사람들은 틀림없이 한국인이라는 것입니다."

많은 미국인도 한국 사람들에 대한 첫인상을 이렇게 표현한다. "한국인은 얼굴이 굳어 있고 화가 난 차가운 표정의 사람들"이라고 말한다. 다른 사람들이 느끼는 것에 대해서는 그들을 무어라 책망할 수도 없다. 우리 입장에서는 부정하거나 변명할 여지도 없는 것이다.

인간의 표정이나 한 폭의 그림은 그들이 보고 느끼는 것이 그들에게는 진실이다. 우리로서는 해외여행을 할 때 표정 관리에 신경을 쓰면서 우리에 대한 인상을 바꿔 놓을 수밖엔 없다.

표정 관리에 대해서 좀 더 강조하고 싶다. 부드럽고 편한 인상을 주는 사람에게는 접근하기가 쉽게 느껴지지만, 딱딱하고 차갑게 굳어 있는, 화가 나 있는 인상을 주는 사람에게는 쉽게 접근하는 것이 부담스럽게 느껴질 때가 많다. 이런 감정은 누구나 마찬가지다. 다른 승객들과 자주 마주치게 되는 크루즈 배 같은 분위기에서 표정 관리를 잘해서 편안하게 느낄 수 있는 인상을 주길 바란다. "웃는 얼굴에 침 못 뱉는다."라는 우리 말이 있다. 영어에도 같은 표현이 있다. "부드러운 웃는 얼굴은 불처럼 화를 내고 덤벼드는 사람의 마음을 녹여버릴 수가 있다."

목소리가 큰 사람은 다 싫어한다

:: 차분한 목소리가 신뢰를 준다

목소리가 큰 사람을 환영하는 곳은 이 세상에 없다. 불필요하게 큰 목소리로 대화하는 것은 옆 사람에게 실례가 될 뿐 아니라, 공공 예의에도 어긋난다. 우리나라 사람들은 중국 사람들이 목소리가 너무 크고 시끄럽다고 하는데, 어떤 중국인은 한국인들이 목소리가 크고 공공장소에서 시끄럽게 대화한다고 비난하는 걸 보면, 다른 나라 사람들도 한국 사람들의 목소리가 조용하다고 느끼지는 못하는 모양이다.

같은 동양인이지만, 일본 사람들의 목소리가 크다고 말하는 사람은 없다. 대체로 일본 사람들은 가는 곳마다 좋은 인상을 주고 환영을 받는다. 우리에 대한 좋은 인상은 다른 나라 사람들이 만드는 것이 아니고, 우리가 어떻게 행동하느냐에 따라 우리가 그 사람들의 마음속에 심어 주는 것임을 잊지 말아야겠다. 우리가 우리 자신을 평가하는 것과 다른 나라 사람들이 우리를 평가하는 것은 다를 수가 있다. 외국인들이 한국인들은 배려심이 부족하고 공중 예의나 교양이 부족하다고 생각하고 있다면 아무리 변명을 해 봐야 별 의미가 없다. 우리가 노력해서 좋은 인상으로 바꿔 놓을 수밖에는 없다.

대형 크루즈 선박이라고 해도 내부는 공간이 제한되어 있기 때문에 실내 구조나 복도가 비교적 좁을 수밖에 없다. 좁기 때문에 승객들 사이에 공간도 넉넉하지 못하고, 이동하는 승객들끼리 신경을 쓰면서 조심하지 않으면 어깨가 가끔 스칠 때가 있다. 몸이 스칠 때는, 고의가 아니기 때문에, 누구의 잘잘못을 불문하고 정중히 사과하는 것이 서로 간의 예의다. 모른척하고 자기들끼리 큰소리로 이야기하면서 지나치는 중국 승객들은 다른 승객들의 눈살을 찌푸리게 한다. 우리나라에 한때는 "목소리가 큰 사람이 이긴다."라는 표현이 있었다. 미국인은 "목소리가 부드럽고 낮은 사람이 신임을 얻고 우세하다."라고 말한다. 두 나라 간의 문화적인 차이를 잘 표현한 것 같다.

전반적으로 중국 사람들 못지않게 교양이 부족하고 말소리가 크고 시끄러운 사람들이 중남미, 동유럽 사람들인 것 같다. 대체로 국민 교양 수준과 국가의 국민소득은 어느 정도 상관관계가 있는 것 같다. 몇 년 전 크루즈 배를 타고 대서양을 항행하던 때였다. Lido buffet 식당에서 70대 중반 미국인 부부를 만나 차를 마시면서 2시간 이상을 서로 간에 여행담을 나눴다. 두 부부는 세계 여행으로 은퇴 생활 즐기고 있는데, 최근 일본을 한 달 동안 여행을 했다고 하면서, 겸손한 일본 사람들과 사회질서 등등 칭찬을 장시간 하는 것이었다.

한창 대화를 나누고 있는데 남미 승객 4분이 와서 옆 테이블에 앉아 어찌나 큰 목소리로 대화를 하는지 우리끼리의 대화를 잘 알아들을 수가 없을 정도였다. 미국인 부부는 곧 교양 없는 남미 사람들에 대한 비난을 하기 시작했다. 식당이나 카페 같은 공공장소에서 상대방이 알아들을 수 있는 이상의 큰 목소리로 대화하는 것은 주위 손님들에게 방해가 되기도 하지만, 품위가 있는 행동이라 볼 수 없다.

독일 프랑크푸르트(Frankfurt, Germany)에서 버스를 탄 적이 있었다. 바로 앞 좌석에 60대 독일인 가족 3명이 앉아 있었고, 뒷좌석에는 50대로 보이는 동유럽 부부 2쌍, 4명이 앉아 있었다. 앞에 독일인들은 자기들끼리 속삭이듯 이야기를 주고받는 모습이 뒤에서 보니 너무도 아름답고 사랑스럽게 보였다. 대조적으로 뒤에 앉은 동유럽인들은 귀가 따가울 정도로 계속 시끄럽게 하는데 너무도 짜증이 났지만, 최대로 인내심을 발휘해서 30~40분을 참을 수밖에 없었다.

누군가 이런 말을 했다. "목소리가 큰 사람은 매력이 빵점이요, 목소리가 부드럽고 조용한 사람은 신임과 호감이 가는 사람이다." 누구나 목소리가 큰 사람보다는 조용하고 부드러운 사람에게 호감이 가기 마련이다. 크루즈 배 복도, 승강기 안, 식당에서 아랑곳없이 큰 소리로 이야기하는 중국 승객들이 여러 사람을 불편하게 하는 것 같다. 몇 년 전이었지만 프랑크푸르트 버스 안에서 만났던 독일인 가족 3명이 머릿속에 떠오르면, 나도 모르게 아름다운 꽃향기를 맡는 것처럼 기분이 좋아진다. 상대적으로 공공장소에서 목소리를 높이 시끄럽게 떠들어대는 중국인들, 남미 사람들, 동유럽 사람들, 일부 한국인들을 생각하면, 약간 불쾌한 생각이 들 때가 있다.

:: 쇼를 멈추게 한 한국 여인들

크루즈 배 안에서의 갖가지 일정 중 가장 인기가 많은 프로그램은 크루즈 첫날부터 마지막 날까지 매일 밤 극장에서 2회에 걸쳐 밤 7시와 9시경에(크루즈 배에 따라서는 밤 7시 30분과 9시 30분) 열리는 쇼일 것이다. 극장은 흔히 쉽게 만석이 되기 때문에 쇼가 시작하기 15~20분 전에 도착하길 추천한다. 거의 대부분의 크루즈회사는 미리 도착해서 다른 승객을 위해 자리를 잡아두는 것을 허락하지 않는다. 본인이 직접 가서 착석해야 한다. 크루즈 쇼는 정확하게 정시에 시작하고, 약 40분쯤 계속되며, 40분 이상 하는 쇼는 극히 드물다.

다른 관람객들에게 실례가 되고 엄청 짜증 나게 하는 몇 가지를 미래의 한국인 크루즈 승객들을 위해서 솔직하게 서술하겠다.

첫째, 쇼가 시작한 후에는 입장을 삼가길 바란다. 늦게 입장한 후 어두운 연주장 내에서 어슬렁거리며 빈 좌석을 찾는 모습이 흉하게 보일 뿐 아니라 빈 좌석을 찾아 들어올 때 이미 착석하고 쇼를 관람하고 있는 관객들이, 공간이 좁아서, 모두 일어서야 하는 불편을 유발하며, 많은 사람의 미움을 받게 된다. 늦게 도착했는데 꼭 쇼를 관람하고 싶다면 극장 맨 뒤 빈 공간에 서서 관람하길 권한다. 밖에 나가서는 나의 모든 행동 하나하나를 다른 사람을 배려하면서 취한다면 우리 사회가 서로를 위해 편하고 아름다운 사회가 될 것이다.

길을 걷다 보면 불법주차나 다른 사람들에게 불편을 끼치는 주차를 많이 볼 수 있다. 주차하기 전에 "내가 여기에 주차했을 때 다른 사람들에게 어떤 영향을 줄 것인가?"를 생각해 본 사람이 얼마나 될까? 내가 젊은 나이에 처음 미국에 갔을 때 미국 부부의 추천에 따라 운전면허증을 취득하기 전, 부근의 고등학교에 등록해서 일주일에 3시간씩 6개월 동안 운전 교육을 받았다. 운전 교사는 첫 시간에 다음과 같은 말씀을 하셨다. "여러분처럼 젊은 학생들은 실제 운전하는 기술은 3~6시간이면 충분하다. 앞으로 6개월 동안 나머지 시간은 교통 규칙 준수, 다른 운전사들에 대한 예의, 양보, 사회 일반인들에 대한 배려를 공부하고 배우게 될 것이다." 그 운전 교육의 덕분에 남을 먼저 배려하는 정신이 나의 뼛속에 깊이 묻혀 버린 것 같다. 나는 가끔 그 운전 교사를 생각하면서 마음속으로 깊은 감사를 드린다.

둘째, 연주장에 입장해서 쇼를 관람하기 시작하면 끝까지 자리를 지키고 쇼가 완전히 끝날 때까지 앉아 있기를 바란다. 쇼가 끝나기 전에 몇 분을 빨리 일어서서 미리 나가려고 하는 사람들이

있는데, 다른 관객이나 특히 연주자들에게 예의에 어긋나는 행동
이라 하겠다. 크루즈 쇼는 길어야 40분이다. 급한 일이 있다 해도
가능한 한 완전히 끝날 때까지 자리에 앉아 있기를 간절히 권하
겠다. 연주자의 입장에서 가장 불편하게 하고 "김빠지게" 하는 관
객이 연주 중 일어서서 퇴장하는 사람이라고 한다. 연주자는 3~4
분 무대에서 연주하기 위해 수년 동안 수백 번을 연습한다. 한국
의 어느 정통가요 가수가 무대에 서기 전에 천 번 이상 연습한다
고 고백한 것을 들은 적이 있다. 잘하건 못하건 연주 후에 힘차게
박수를 치고 격려를 해주는 것은 연주자에게 큰 힘이 된다.

　셋째, 요즘은 휴대전화 시대다. 휴대전화가 없는 사람은 아프리
카 외지가 아니면 만나 볼 수가 없을 것이다. 쇼가 시작되면 곧 휴
대전화를 꺼내서 비디오 촬영을 하기 시작하는 관객들을 많이 볼
수 있다. 언제부터 정책이 바뀌었는지 모르나, 휴대전화가 널리
보급되기 전에는 저작권 문제로 연주 중에 비디오나 사진 촬영이
엄격히 금지되었다. 비디오 촬영을 하는 동안 휴대전화 화면에서
비치는 밝은 빛이 뒷좌석에 앉아 있는 관객의 눈을 부시게 하기
때문에 크게 방해가 될 수가 있다.
　부에노스아이레스 방문 중 탱고(Tango) 쇼를 관람하러 갔었다. 바
로 앞에 앉은 관객이 계속해서 휴대전화로 비디오 촬영을 하는데
전화기 화면의 불빛이 정면으로 내 눈을 비추는 바람에 쇼 관람을
완전히 망치고 말았다. 비디오를 찍을 때 주위에 앉아 있는 누군
가는 불빛 때문에 피해를 입고 있다는 것을 염두에 두고, 자제하

기를 바라겠다.

연주하는 동안 자세히 둘러보면, 비디오 촬영을 하고 있는 관객들은 남에 대한 배려심이 부족하고 교양이 없다는 인상을 준다. 내 욕심 같아서는 과거처럼 연주 중에 비디오나 사진 촬영이 엄격히 금지되었으면 좋겠다. 찍어가야 집에 가서 얼마나 보겠는가? 비디오 찍을 생각 말고 쇼 관람에 집중하는 것이 본인에게도 좋을 거라 본다. 정말 비디오를 보고 싶다면 요즘은 질이 훨씬 좋은 유튜브가 있다. 몇 년 전 단체관광으로 스페인에서 Flemingo 쇼를 보러 갔을 때 안내자가 "다른 관객들에게 방해가 되니 제발 비디오 촬영이나 사진 촬영을 하지 말아주세요."라고 위와 비슷한 부탁을 했으나, 우리 일행 중 몇 명은 아랑곳없이 비디오 촬영을 했고, 내 바로 옆에 앉아 계신 분의 비디오 촬영이 몹시 방해되고 짜증스러웠다.

넷째, 막이 오르고 연주가 시작되면 제일 기본적인 예의와 다른 사람들에 대한 배려로 연주가 끝날 때까지 조용히 해야 하는 것이다. 지금은 많은 발전을 했지만, 과거에 한국에서 연주회를 가면 여기저기에서 옆 사람과 소곤거리는 소리가 무척이나 신경을 거슬리게 했었다. 미국이나 서부유럽에서는 볼 수 없는 분위기다. 언론에 널리 보도가 되었지만, 미 연방정부 하원의원 Lauren Boebert 씨가 연인과 함께 콜로라도(Colorado)주 덴버(Denver)시에서 2023년 음악 연주회에 참석 중 담배를 잠깐 피우고 서로 이야기를 한다는 이유로 강제 퇴장을 당했다. 한국에서 국회의원이나 일반 관객이 연주 중 옆 사람과 이야기한다는 이유로 퇴장을 당한 예가 있을까? 서양의 정서는 개인의 사정보다는 다른 사람에 대한 배려와 불편과 피해를 먼저 생각하고 훨씬 더 중요하게 여긴다.

몇 년 전에 Princess라는 회사의 크루즈 배를 타고 여행했었다. 크루즈 여행 중 50대 말~60대 초쯤 보이는 동양 여자 네 분이 가끔 눈에 띄었다. 어느 날 내 옆을 지나가면서 한국어를 하는 말소리가 들려 한국에서 오신 한국 분이라는 것을 알게 되었다. 옷차림이나 인상이 내 판단에 "세련된 강남 사모님"들이 틀림없을 것 같았다. 어느 날 나는 저녁 크루즈 쇼를 관람하려고 20~30분 전에 극장에 입장해서 비교적 뒤쪽 중앙에 자리를 잡고 앉아 있었다. 얼마 후 "강남 사모님" 네 분이 입장하고 내 위치에서 거의 정면으로 20줄 정도 앞에 자리를 잡고 앉았다. 드디어 막을 올리고 쇼가 시작됐다. 연주가 한창 진행 중인데 어쩐지 어디서인가에서 한국말이 들리는 것만 같았다. 촉각을 곤두세우고 신경을 쓰면서 귀를 기울였더니, 아니나 다를까, 네 명 사모님들께서 속삭이는 소리가 20줄 뒤에 앉은 내 귀에까지 들리는 것이었다. 앞줄에 앉은 관람객들은 얼마나 짜증스럽고 불편했을까? 나는 무척이나 불안해지기 시작했고, 속으로 "저래서는 안 되는데. 누군가 조용히 하라고 소리를 칠 텐데"를 몇 번 혼자서 속으로 중얼거렸다.

강남 사모님들의 속삭이는 말소리는 계속 들려왔고, 나의 불안감은 점점 더 커져 갔다. 내 앞으로 3줄, 약간 왼쪽에 앉아 있던 미국 남자분이 갑자기 일어서더니 네 여자분들에게 손가락질하면서, "조용히 해. 닥치지 못해."하고 큰 소리로 고함을 치는 바람에 쇼는 약 10초쯤 중단이 되었고, 앞에 앉은 700~800명의 관객들은 모두 뒤로 돌아 남자분을 쳐다봤다. 이분은 참다못해 분노가 폭발해 버린 것이었다. 강남 사모님들은 한국에서 해오던 교양 없는 짓을 크루즈 쇼 관람 중에 하다 크게 망신을 당한 것이었다. 나는 수십 년을 해외여행을 하면서 이처럼 교양 없는 한국인에 대해 부끄러움을 느껴본 적이 없었다. 이 여성분들은 수치감을 느꼈던지 쇼가 끝나기 전에 재빨리 극장에서 퇴장해 버렸다. 이런 수치스러운 경험을 통해서 그 여성분들은 어떤 생각을 하고 무엇을 배웠을는지 궁금하다. "어물전 망신은 꼴뚜기가 시킨다"라는 우리말이 생각이 났었다. 중국인들에겐 너무 미안하지만, 그날 밤 쇼에 참석한 많은 관객들은 강남 사모님들이 한국인이 아니고, 무례하기 짝이 없는 중국인이라 생각했을 것 같다. 이래서, 국제무대에서는 평소에 좋은 인상과 평판이 중요한 것이다. 같은 한국인으로서 얼마나 충격적이고 수치스러웠는지, 저런 엄마 밑에서 자라난 자녀들은 어떨까? 하는 걱정이 머릿속을 스쳐 지나갔다.

　내가 모르거나, 못하는 것을 다른 사람에게 가르칠 수는 없다. 한국 부모들은 자녀에게 국제적인 지도자가 되라고 가르친다. 좋은 말이긴 하지만 학교 성적이 우수하다고 해서 국제적인 지도자가 자동으로 되는 것은 아니다. 학교 성적은 바닥이지만 인성과 교양이 100점인 사람은 국제무대에서 대환영을 받고 국가에 좋은 인상과 명예를 가져온다. 반면에 학교 성적은 100점인데 인성과 교양이 빵점인 자식은 국제무대에 나가서 미움만 받고 멸시를 당하면서 국가에 지대한 불명예와 치욕과 망신만 불러들인다는 것을 부모들은 알아야 한다. 진지한 자녀 교육은 학교 성적이 아니고, 교양과 예의, 인성교육에 있다는 것을 한국 부모들이 깨달았으면 좋겠다. 교육은 대물림이다. 크루즈 쇼하는 중에 망신을 당했던 "강남 사모님들"의 부모님들은 자식들에게 인성교육을 시켰을 리가 없다. 내가 모르는 교양이나 인성교육을 자식들에게 시킬수는 없다. 크루즈를 계획하고 계시는 독자들은 꼭 품위 있고, 환영받는, 좋은 인상을 주는 크루즈 승객이리라 믿는다.

남미에서 대서양을 가로질러 북유럽으로 가는 크루즈 배를 승선했을 때 일이다. 크루즈의 출발지가 남미였기 때문에 남미 사람들이 크루즈 승객의 거의 대부분을 차지했다. 어느 날 저녁 크루즈 쇼를 관람하려고 연주장에 가서 자리를 잡고 앉아 있었다. 곧 쇼가 시작되고 내 바로 뒤에 60대로 보이는 남미 부부 두 쌍이 자리를 잡았다. 이분들은 서로 간에 포르투갈어를 쓰고 있으니 브라질 사람들임이 확실했다. 그들은 쇼가 시작되었지만 계속해서 속삭이며 대화를 주고받는 것이었다. 조용히 해주기를 바라는 마음으로 두어 번 뒤돌아보았으나 막무가내였다.

참다못해 돌아보며 정중하게 요청했다. "쇼가 진행 중이니 조용히 해주시면 고맙겠습니다." 약 5분쯤 조용하더니 다시 대화를 시작하는 것이었다. 옷차림이나 외관상으로는 브라질 상류층 귀족처럼 느껴지는 사람들이었으나 다른 관람객들에 대한 배려나 교양은 후진국을 벗어나지 못한 사람들이었다. 예외도 있겠지만, 이런 상황을 접하면 우리는 거의 모두 브라질 사람들은 교양이 부족한 사람들이라 단정 짓게 될 것이다. 부득이한 경우 이야기를 꼭 해야 한다면, 다른 분들에게 들리지 않게 입을 살짝 상대방 귀에 대고 속삭이면 된다.

앞에서 언급했지만, 다시 강조하는 것이 도움이 될 것 같다. 어딜 가던 목소리가 큰 사람은 주변 사람들을 불쾌하게 하며 피곤하게 하고 좋은 인상을 줄 수가 없다. 상대방이 알아들을 수 있는 이상의 큰 목소리는 소음이라 할 수 있으며 실례가 된다. 교양이나 다른 사람을 배려하는 정신이 부족한 사람이라 볼 수밖에 없다. 소음이 공해보다 더 우리 생활을 불편하게 하고, 정신건강에도 해를 끼친다고 한다. 한국인들은 교양이 있고, 남을 배려하는 사람들이라고 세계인들에게 좋은 인상을 심어 주기 위해 어디서든 가벼운 목소리로 대화하면 좋겠다.

유럽 여행 중 점심을 하려고 현지 식당에 들어섰다. 중국 관광객들이 입구에 모여 앉아 식사를 하는데 큰 목소리로 왁자지껄 시끄러웠다. 식당 다른 쪽 안쪽에 네 명의 동양인 남자들이 앉아 맥주를 마시며 식사하고 있었는데 그들의 분위기가 조용하고 차분해서 일본 사람들이 아닐까? 하는 느낌이 들었다. 그분들 테이블 옆으로 지나갔을 때 네 명의 남자들은 일본어로 낮은 목소리로 서로 대화를 하고 있었다. 너무도 대조적인 모습이었다.

일본인들은 이처럼 교양 있는 모습을 보이면서 세계 사람들에게 호감을 사고, 좋은 인상을 주고 다녔다. 우리는 아직도 역사적인 이유 때문에 일본인들에 대한 부정적인 감정이 있지만, 국제무대에서는 일본인들은 대환영을 받고, 중국인들은 오히려 불쾌한 인상을 주고 다닌다는 것을 인정해야 한다. 우리 자신이 발전하려면 일본인들로부터 남에 대한 철저한 배려심과 교양에 대해 배워야 할 것 같다. 큰 목소리로 떠들며 불쾌하게 행동하는 중국인들을 환영하는 사람은 없지만, 교양 있고 예의 바른 일본인들은 어딜 가나 환영을 받는다.

충분히 이해하겠지만, 크루즈 선박 내부는 거의 모든 공간이 제한되어 있기 때문에 승객과 승객 간에 거리가 좁을 때가 많다. 옆을 지나가는 중국인들이 큰 소리로 이야기할 때는 귀가 따가움을 가끔 느낄 때도 있다. 원거리에 있는 사람과 대화해야 할 때는 꼭 가까이 접근해서 낮은 목소리로 대화하면 교양이 있어 보이고 좋을 것 같다.

미국에서 보면 백화점에서 쇼핑 중 원거리에 있는 동행자와 큰 소리로 대화를 하는 사람들은 대부분 중국인, 한국인, 흑인들이나 중남미 사람들이다. 교양이 부족하고 예의를 지키지 못한 사람은 대접을 받지 못하고 무시를 당할 때가 많다. 나에 대한 다른 사람들의 태도는 나의 행실에 대한 반응일 뿐이다. 내가 정중히 예의를 갖추면 상대방도 자연스럽게 예의를 갖추면서 나를 대해준다. 흑인들에게는 미안한 말이 되겠지만 사실은 어찌할 수 없다. 미국 사회에서 일부 흑인들이 멸시를 당하고 적절한 대우나 존경을 받지 못하는 것은 그들이 예의를 갖추고, 교양 있는 행동을 하지 않기 때문이다.

여기서 책을 한 권 소개하겠다. 저자 송영오의 『당신은 교양인입니까』(교학사, 2022)를 추천한다. 해외여행을 계획하고 있는 독자들은 출국 전에 이 책을 읽으면 도움이 될 거라 생각한다. 우리가 지금 세계를 여행하면서 세계인들에게 어떤 인상을 주느냐에 따라 우리 후세대들이 세계무대에서 대접을 받느냐, 천대를 받고 무시를 당하느냐가 결정이 된다. 대한민국의 모든 해외 여행객은 이런 사명감을 느끼고 예의 바르고 교양 있는 행동을 해주길 호소한다.

예의 바르고 교양 있는 행동을 하고 싶어도 어떤 행동이 예의 바르고 교양 있는 행동인 줄을 잘 모를 때가 있다. 제일 중요한 것은 카페, 식당 등 공공장소에서 다른 사람이 주위에 있을 때는 목소리를 낮추고 조용히 대화하는 것이다. 평생 몸에 젖은 습관이나 버릇은 아무리 노력해도 고치기가 어렵고 조심해도 우발적으로 나올 때가 있다.

언젠가 내가 타고 있었던 크루즈 배에서 조용한 오후에 Lido buffet 식당을 걸어가고 있었다. 식당 저쪽 끝 테이블에 40대로 보이는 두 남자분이 앉아서 큰소리를 내며 대화하고 있었다. 한국 분들이었고 대화 내용이 여행 안내자로서 미래에 손님을 모시기 위해 크루즈 탐방을 오신 분들인 것 같았다. 나는 크루즈 여행 중 한국인을 만나면 반갑게 인사를 하고 크루즈 하는 동안이라도 가까이 사귀면서 즐겁게 여행을 함께하려고 노력하는 편이다. 하지만 이 두 남자분은 중국인들 이상으로 어찌나 목소리가 시끄러운지 상대할 수가 없어 그냥 지나치고 말았다.

며칠 후 buffet 식당에서 이분들이 큰소리를 내며 식사하고 있는 모습을 보고 역시 모른척하고 지나칠 수밖에 없었다. 목소리가 큰 사람은 어딜 가든 미움을 받고 따돌림을 받는다. 내가 예의를 갖추고 정중하게 대하면 상대방도 정중하게 예의를 갖추어 나를 대해준다.

니하오마(你好吗) 댄스그룹이 왔다

앞에서 언급했지만, 크루즈 배가 항행하는 동안 매일 낮과 저녁에 크루즈 배 이곳저곳에서 춤 파티가 열린다. 낮에는 주로 맨 위층 수영장이 위치한 pool deck에서 라인댄스, 라틴댄스, Rock'n'Roll 등의 춤 수업(lesson) 혹은 춤 파티가 열리고, 저녁에는 atrium 춤추는 장소와 바(bar)에서 각종의 신나는 춤 파티가 있다. 그날의 daily patter를 잘 보면 정확한 정보를 얻을 수 있으며 customer service desk(guest service desk)에 찾아가서 문의하면 친절하게 안내를 해준다. 크루즈 하는 동안 주저하지 말고 customer service를 자주 이용하길 바란다. 언제나 무슨 문제가 있거나 불편한 사항이나 필요한 것이 있으면 전화하거나 customer service desk를 방문하면 된다. 현지 시각과 날씨에 대해서 문의해도 친절하게 대답을 해준다.

나는 춤추는 것을 좋아하기 때문에 매일 춤을 한두 번 춘다. 춤이 좋은 운동이 될 수 있다는 것을 크루즈를 하면서 알게 되었다.

크루즈 여행 중에 사양하지 말고 마음껏 춤도 추면서 한순간 순간을 즐기며 행복한 추억을 만들길 바란다. 잘 추건 못 추건 아무 상관없다. 누가 뭐라 하지도 않는다. 즐기기만 하면 되는 것이다. 나도 처음 크루즈를 시작했을 때 춤을 추고는 싶었지만 무슨 춤을 어떻게 추는 줄을 몰라 두려워서 가까이 서서 구경만 했었다. 지금 생각하면 막춤이라도 추면서 즐길 걸 후회가 된다. 막춤도 춤이다. 크루즈회사나 다른 모든 승객들은 막춤을 추면서라도 즐거운 시간을 보내는 승객을 가장 좋아하고, 가장 아름답게 보인다고 한다. 다만 주의해야 할 사항은 dance floor에서 다른 분들에게 방해가 되지 않게 행동하는 것이다.

독자들은 충분히 상상할 거라 믿지만 크루즈 배 안의 춤추는 장소는 비교적 좁은 편이다. 좁기 때문에 춤추는 dance floor에서 서로 간에 방해가 되지 않도록 각별한 예의와 양보가 필요하다. 요즘은 옛날과 달라서 정식으로 격식을 갖춰서 춤을 추는 승객들은 드물고 음악에 맞춰서 몸을 흔들면서 즐기는 사람들이 대부분이다. 막춤이라 해서 너무 난잡하게 온몸을 흔들면서 분위기를 흐리게 하는 추하게 보이는 춤이 아니고, 어느 정도 품위를 유지하면서 추는 막춤을 말한다.

지난 10~20년 동안 크루즈 분위기에 눈에 띄게 큰 변화를 불러온 것은 중국인 승객들이다. 숫자상으로 중국인 승객들이 많이 증가 한 건 사실이지만, dance floor에서도 큰 변화를 일으킨 것 같다. 과거엔 중국인들의 무질서한 막춤이 승객들의 눈살을 찌푸리게 했는데, 불과 몇 년 만에 중국인들의 춤 실력이 놀랍게 향상됐다. 눈에 띄게 춤을 멋있게 잘 추는 사람들이 중국인들이 많다. 라인댄스를 얼마나 멋있게 잘 추는지 작년에 크루즈를 했을 때 dance floor 옆에 서서 중국 여인들의 라인댄스를 즐겁게 구경했다.

어느 날 저녁 식사 후 atrium에 나갔다. Atrium dance floor에서 두 쌍의 중국 부부가 완전히 프로처럼 사교춤을 잘 추는 것이었다. 중국인들이 크루즈 여행 오기 전에 춤 강습을 받고 왔을 것이라는 생각도 들었다. 한 쌍의 중국 부부에게 접근해서 물었다. "춤을 프로처럼 잘 추시는데 혹시 춤을 가르치는 강사님이세요?" 그분들께서는 웃으면서 샌프란시스코에서 온 중국계 미국인인데

환상을 현실로 바꾸는 & 크루즈 여행의 매력

춤 강습을 한 번도 받아본 적이 없고, 유튜브를 보며 자기 집 거실에서 열심히 연습한 실력이라고 한다. 정말 믿을 수가 없었다. 나한테도 댄스 강습을 받을 필요 없이 유튜브를 보면서 열심히 연습하면 된다고 충고하는 것이었다. 요즘에 크루즈 여행 중 춤추는 장소에 가면 춤을 즐기는 승객들의 50% 정도는 중국인이라 가끔은 이곳이 중국인가 의심할 정도다. 중국에 대단한 춤바람이 불고 있는 것 같다는 생각이 든다.

크루즈 쇼를 멈추게 했던 "강남 사모님" 네 분이 며칠 후 atrium dance floor에 나타났다. 이분들은 한복을 입고 나왔는데 한복이 무척 우아하고 아름답게 보였으며, 한국 사람으로서 매우 자랑스럽고 흐뭇하기도 했다. 음악이 흘러나오기 시작하고 곧 dance floor는 춤추는 승객들로 가득했다. 나는 dance floor 주변에서 춤추는 승객들을 구경하고 있었다. 사교춤을 아름답게 잘 추는 승객들, 그저 막춤을 추면서 즐기는 승객들, 혼자서 몸을 흔들거리는 승객들로 dance floor는 흥으로 가득했다.

곧이어서 한복차림의 네 명의 여자분들이 dance floor로 입장했고 음악에 맞춰 막춤을 추기 시작했다. 한복을 입고 막춤을 추는 모습이 어쩐지 어설프고 분위기에 잘 어울리지 않는 것만 같았다. 무엇보다도 춤을 추면서 몸을 회전할 때 한복의 치마가 펼쳐지면서 공간을 차지하고 옆에서 춤을 추는 사람들을 스치게 되니 다른 승객들이 불편을 느끼고 이분들이 가까이 접근하면 의식적으로 피하려고 하는 모습을 금방 느낄 수가 있었지만, 본인들은 전혀 느끼지 못하고 막춤을 즐기고 있는 것 같았다.

짜증스러운 표정으로 한복차림의 여자들을 쳐다보면서 dance floor를 떠나는 승객도 몇 명 있었다. 이때 며칠 전에 식당에서 인사를 나눴던 유럽에서 온 승객 한 분이 내 귀에 입을 대고 빈정대는 웃음을 지으면서 "저기 니하오마 댄스그룹이 와 있구나."라고 말하는 것이었다. 같은 한국인으로서 조롱하는 듯한 말인 것 같아 기분이 별로 좋지는 않았다. 사실, 논리적으로 생각하면, 한국 여자분들이 dance floor에서 어느 정도 기본적인 예의를 지켰다면 조롱하는 듯한 야유가 나왔을 리가 없다.

누가 뭐라든 상관하지 않고, 마음껏 즐기며 dance floor에서 춤을 추는 것은 내 자유요, 권리라고 주장할 수도 있겠다. 하지만, 우리 한국 사회는 불행히도 자유와 권리에 대한 개념이 잘못 인식이 되어 있다는 인상을 준다. 물론 개인의 자유와 권리는 모든 민주주의 국가의 헌법이 보장해 주고 있다. 헌법이 보장하는 자유와 권리는 다른 사람의 자유와 권리를 존중하고 지켜주는 한계에서만 보장이 되며, 다른 사람의 자유와 권리를 짓밟거나, 인격을 침해하거나 피해를 끼치는 순간에 개인의 자유와 권리는 박탈당하고 헌법의 보장이 취소되는 것이 원리 원칙이다. 일부 한국인들은 아무런 의무나 책임이 없이, 내가 하고 싶은 대로 할 수 있는 것이 자유와 권리라고 그릇된 개념을 가지고 있는 것 같다. 나의 자유와 권리를 주장하기 전에 다른 사람의 자유와 권리를 먼저 존중하고 받들어 줘야 한다는 교육이나 훈련이 되어 있지 않은 것 같다.

나의 자유와 권리만 주장하다 보면 우리 사회에는 혼란이 오게 마련이다.

　우아한 사교춤이건, 막춤이건, 춤을 추면서 즐기는 것이 중요하긴 하지만, 춤을 추면서 꼭 지켜야 할 예의가 있다. 춤을 추는 동안 내 주위의 공간에 신경을 쓰면서 다른 사람의 공간을 항상 존중하고 지켜줘야 한다. 실수로 접촉이 있을 때는 주저하지 말고 즉시 사과를 하는 것이 예의다. 한국인은 길을 걸어가다 다른 사람과 부딪쳤을 때 누구의 실수건 좀처럼 사과하는 법이 없다. 정중히 사과하는 습관이 되어 있지 않기 때문에 해외를 여행하면서 실수하고도 실수를 범했다는 것조차 모르게 된다. 다른 나라 사람들은 이런 경우 사과를 하지 않는 사람에 대해 매우 불쾌하게 생각한다.
　상대방에게 부딪치고 사과할 줄 모르는 관광객은 대부분 중국인과 한국인인 것 같다. 미국에서 떠도는 소문에 의하면, 일본인들은 중국인이나 한국인으로 오해를 받을까 봐 중국인이나 한국인이 많이 모이는 장소를 피한다고 한다.

양보의 미덕을 알자

: : 승강기 예절

크루즈 배에는 승객을 위한 승강기가 여러 곳에 설치되어 있다. 중점적으로 mid-ship의 atrium, mid-ship과 bow 중간지역, mid-ship과 stern 중간지역에 4~6대의 승강기들이 있다. 크루즈 여행에는 65세 이상의 노약자 승객이 비교적 많은 편이기 때문에 승강기에 의지하는 승객의 비율도 높은 편이다.

승강기를 기다리는 주변 공간을 elevator lobby라고 한다. 한국에서처럼 승강기를 타거나 내렸다가는 큰 실례를 범할 수 있으니, 주의가 필요하다. 한국인들은 승강기가 도착하면 문이 열리기도 전에 승강기 앞으로 접근한다. 반대로 서양인들은 몇 발 뒤로 혹은 옆으로 물러서 준다. 내리는 사람들이 편하게 빨리 내릴 수 있게 하는 기본적인 배려다. 가끔 보면 어떤 경우엔 내릴 사람이 내리기도 전에 훌쩍 앞질러 승강기 안으로 들어가 버리는 사람도 가끔 있다. 만약 크루즈 배 안의 승강기에서 이런 불손한 행동을 했다가는 정신이 이상한 사람으로 취급을 받게 될 것이다. 몇 번 이런 승객을 크루즈에서 본 적이 있었는데 부끄럽게도 모두 동양인들이었다.

승강기를 탈 때도 순서가 있다. 나이 드신 노약자가 맨 먼저, 다음엔 elevator lobby에서 먼저 와서 기다린 사람들이 먼저 타도록 양보하는 것이 예의다. 내릴 때도 마찬가지다. 나이 드신 분이나 여성분들이 먼저 내리도록 양보하는 것이 예의다. 한국 사회에서는 이런 조그마한 질서와 예의를 베푸는 모습을 보기가 쉽지 않다. 젊은 사람들이 연장자에게 먼저 타도록 양보하는 모습을 한 번도 본 기억이 없다. 다른 사람보다 먼저 타고 내리려는 경쟁이 습관이 되어 버린 것 같다. 조심하면서 고치려고 해도 옛 버릇이 되어 버린 습관은 쉽게 고쳐지질 않는 법이다.

승강기 안에서는 대화를 삼가고 조용히 하는 것이 다른 승객들에 대한 배려와 예의다. 며칠 전 전철역에서 승강기를 탔다. 2명의 20대 중국인 남녀가 함께 탔는데 좁은 공간 안에서 어찌나 큰 목소리로 대화하는지 역시 "무례한 중국인들"이라는 생각이 떠올랐으며, 짜증스럽고 불쾌하기 짝이 없었다. 우리는 이런 걸 몇 번 경험하면 중국인에 대해 호감을 느끼려야 느낄 수가 없게 된다. 언급할 필요조차 없겠지만, 우리는 중국인들의 교양 없는, 예의에 벗어나는 행동에서 배울 것이 많을 것 같다.

집 안 거실 TV 앞에 앉아 1~2시간을 아무 생각 없이 보내는 사람들이 밖에 나오면 5초가 그렇게도 아깝고 귀한 걸까? 꼭 다른 사람보다 먼저 앞서가고, 먼저 타야 할까? 우리 사회는 이런 불쾌하고 불손한 행동에 익숙해서 관대하게 받아들이지만 세계 사람들은 절대 용서하지 않고 쉽게 받아들이지 않을 뿐 아니라, 아주 불쾌하고 못마땅하게 보며, 교양이 없는 사람이라고 우리를 무시할 수도 있다. 크루즈 하는 동안에는 배 내부의 공간이 좁기 때문에 상호 간에 양보와 배려 및 품위 있고 예의 바른 행동을 취하는 것이 더 절실히 요구된다. 내가 실례를 범했던 승객을 다음 날 식당, 수영장, 복도에서 또 마주칠 가능성이 높다.

: : 뒷사람을 위한 배려

한국 사회에는 양보라는 것이 별로 없는 것 같다. 이런 언급을 하면 우리 한국인들은 예외 없이 "경쟁사회"를 들고나온다. 양보하면서 얼마든지 신사적인 경쟁을 할 수가 있다. 정정당당한 경쟁이 신사적인 경쟁이다. 우리는 자라면서 신사적인 정정당당한 경쟁의 개념을 배우질 못했다. 빗나간 경쟁의식이 아주 사소한 행동에까지 깊이 뿌리가 박혀버렸고 그런 문화권 속에서 살다 보니 경쟁의식이 우리 생활을 딱딱하고 불편하게 한다는 것조차도 의식을 하지 못하고 있는 것 같다. 경쟁의식이 항상 나쁜 것은 아니다. 인간에게 필요한 좋은 동기유발이 될 수도 있다.

아무리 큰 대형 크루즈 배라 해도 제한된 공간에 5,000~6,000명의 승객들이 함께 생활하기 때문에 인구 밀도가 매우 높다. 크루즈 승객 모두가 명랑하고 평화로운 분위기를 유지하기 위해서는 어디서든 서로 양보해야 한다. 양보하는 것도 습관이다. 양보하는 습관이 몸에 배지 않으면, 아무리 조심한다 해도 겸손한 태도가 잘 나오질 않고 주변 사람을 불쾌하고 불편하게 할 수가 있다.

출입문을 열고 나가거나 들어올 때 한국인들은, 익숙하질 않아서인지, 다른 사람을 위해 문을 잡아주고 양보하는 것이 예의라는 것을 알고 있는 사람이 극히 드문 것 같다. 내가 문을 열고 양보하면 익숙지 않은 친절에 머뭇거리는 사람도 있다. 누가 문을 잡아주고 양보하는 친절을 베풀면 고맙다는 인사를 명백히 표시하길 바란다. "고맙습니다"라고 상대방이 들을 수 있게 구두로 감사를 표시하는 것이 예의다.

우리 사회는 고맙다는 표시를 할 때 고개를 약간 숙이는 경우가 있는데 해외에 나가면 그게 무슨 뜻인지를 모르는 경우가 많다. 언젠가 롯데백화점에 갔는데 출입구의 크나큰 문을 뒤에 오는 손님들이 편히 들어오도록 잡고 있었다. 10명 이상이 지나가면서 단한 사람도 나에게 고맙다고 인사를 하는 손님이 없었다. 이런 경우 올바른 의전은 내 바로 뒤에 들어오는 사람이 나 대신 문을 잡아주어야 하는 것인데, 우리 사회는 아직 그런 간단한 기본적인 의전에 익숙하지 않아 자연히 해외에 여행 갔을 때 실수를 범하게 된다.

공공장소나 공공건물에서 문을 열고 들어설 때나 나갈 때는 항상 뒤에 다른 사람이 따라온다는 것을 가정하고 살짝 돌아보면서 뒤에 사람이 따라오면 문을 잡아주는 것이 기본적인 예의다. 아쉽게도 지난 15년 동안 바로 뒤를 따라가는 나를 위해 앞에 가는 분이 문을 잡아준 경우가 단 한 번도 없었던 것 같다. 이건 예의에 어긋난 상당히 무례한 행실이다. 해외의 많은 나라에서는 이런 무례한 행동이 뒤에 오는 사람을 무척 불쾌하게 하고 화까지 나게 할 수가 있다. 우리 한국인들은 이런 예의에 대해서 도대체 아무런 감각이나 인지력이 없는 것 같다.

내가 거주하는 아파트 건물 옆에 건강검진을 하는 병원과 치과 병원이 있는데 출입구를 아파트 주민들과 공유한다. 의료진은 하얀 가운을 입기 때문에 누가 의사인지 쉽게 알 수 있다. 내가 문을 잡아줄 때 고맙다고 인사를 했던 의사들은 몇 명 있었지만, 뒤따라가는 나를 위해서 문을 잡아주는 예의를 베풀어 주는 의사는 한 명도 기억할 수가 없다. 우리 사회에서 가장 교육을 많이 받고 존경을 받는 의사들이다. 이들이 해외에 가서 이런 행동을 했을 때 얼마나 많은 미움을 받았을까? 고의로 하는 것이 아니라는 것을 알고 있다. 단지, 우리 사회에서 적절한 예의와 교양에 대해 배울 기회가 없었다는 것이다. 교육은 대물림이라고 위에서 말했는데 이들의 부모들이 문제다. 이런 의사들이 자기 자녀에게 인성교육이나 이런 예의를 가르칠 수가 있을까? 내가 모르는 것을 내 자식에게 가르칠 수는 없다.

황당한 경험을 소개하겠다. 몇 년 전 크루즈를 하면서 Deck14 수영장(pool deck)에서 buffet 식당으로 들어가려고 하는데 유리문을 통해서 반대편 쪽 buffet 식당에서 pool deck으로 나오려고 접근하는 80대 부부의 모습이 보였다. 부인은 건장한 모습이었는데 남편은 지팡이에 몸을 의지하고 거동이 불편하고 좀 느렸다. 나는 문을 열어 잡고 서서 두 부부가 편하게 지나가길 기다렸다. 나에게 고맙다는 인사를 하고 부인이 내가 있는 pool deck 쪽으로 먼저 건너와 나와 함께 나란히 뒤돌아서서, 남편이 건너오길 기다리고 있었으며, 나는 계속해서 문을 잡고 서 있었다. 남편이 우리 쪽으로 지팡이를 짚고 건너오려는 순간, 우리 뒤쪽에서 꽤나 우아한 옷차림의 50대로 보이는 동양 여자 한 분이 남편의 앞길을 가로질러 pool deck 쪽에서 buffet 식당으로 아무 말도 없이 휙 들어가 버리는 것이었다. 부인과 나는 물론이지만, 거동이 불편한 남편도 예기치 못한 상황에 얼마나 불쾌했는지 동양 여인이 저 멀리 buffet 식당 안으로 사라질 때까지 약 15초를 남편분은 어이없다는 표정으로 째려보는 것이었다. 이 상황이 독자들의 머릿속에 잘 그려지는지 모르겠지만, 지금도 용모는 귀티가 나는 이 동양 여인을 잊을 수가 없다.

이런 비슷한 상황을 나는 한국에서도 몇 번 경험했다. 중국 여자인지 한국 여자인지는 알 수 없으나, 뒷모습을 보면 분명히 부유한 상류사회 여인 모습이었지만, 교양 면에서는 초등학교도 제대로 졸업을 못 한 미국의 흑인들만큼도 못했다. 미국에서는 초등학생도 이런 행동을 하는 것을 보기 어렵다. 크루즈가 끝나고 귀가한 후 두 부부는 두고두고 지인들에게 무례하기 짝이 없는 동양 여인에 대한 이야기를 했을 것 같다. 물론 이 여인은 자기가 자라난 사회적 환경이나 교육 환경에서 인성이나 교양에 대한 가르침이 없었을 테니, 어떤 무례한 짓을 했는지 지금도 모르고 있을 건 빤하다. 50대 귀티 나는 여인의 교양이 초등학생 수준도 못 된다는 건 참 슬픈 일이다.

인내를 발휘하는 승객이 되자

: : 기다림을 모르는 한국과 중국 승객

해외여행을 한 경험이 있다면 한 번 이상 목격했을 것이다. 비행기가 인천공항에 착륙하면 게이트(terminal gate)까지 이동하는 동안 거의 대부분의 한국과 중국 승객들은 좌석에서 일어나서 짐을 내리기 시작한다. 승무원이 앉아달라고 방송해도 소용이 없다. 비행기 안전 규정이 게이트에 도착한 후 조종사가 "seat belt" 표시등을 끌 때까지 모든 승객은 안전을 위해 안전띠를 매고 좌석에 계속해서 앉아 있어야 한다.

3주 전에 두바이에서 비행기를 타고 귀국했다. 비행기는 유럽지역을 관광한 후 귀국하는 한국인들로 가득했으며, 승객의 90%는 한국인들로 비행기가 착륙하자 곧 승객들은 자리에서 일어나 짐을 챙기느라 객실 복도는 일어서있는 승객들로 가득 찼고, 비행기는 게이트를 향해 계속 이동하고 있었다. 몇 개월 전에 남미에서 뉴욕으로 가는 비행기를 탔는데, 비행기가 게이트에 도착하고 "seat belt" 표시등이 꺼질 때까지 단 1명도 좌석에서 일어서는 승객이 없었다. 너무도 대조적인 모습이다. 비행기 출구 문이 열리기 전까지는 아무도 내릴 수가 없는데 중국인과 한국인들은 뭐가 그렇게도 급할까? 좀 침착하게 기다리는 인내심을 우리 어린이들한테라도 교육했으면 좋겠다.

크루즈 하는 동안에는 buffet 식당에서나 크루즈 연주장에서 쇼가 끝나고 퇴장할 때 줄을 서서 기다려야 할 때가 많다. 비행기 내에서처럼 크루즈 연주장에서도 퇴장할 때는 출입구에서 가까이 앉은 사람이 먼저 일어서서 퇴장할 수 있도록 기다리고 양보하는 것이 예의이며 질서다. 만약 크루즈회사를 통해서 기항지 관광을 한다면, 대형 관광버스를 타게 되는데 앞에 앉은 승객들이 먼저 내리도록 기다려야 한다는 것을 기억하길 바란다.

:: 양치질은 제발 혼자서

위에서 한국과 중국 승객들의 비행기 내에서의 품행에 대해 서술했다. 내친김에 송구스러운 마음으로 우리 모두를 위해서 한 가지를 더 지적하겠다. 우리는 치아 관리와 치아 건강에 무척 신경을 쓰는 민족이다. 점심 식사 후 직장에서도 치아 건강을 위해 양치질을 하는 사람이 많다. 치의학적인 면에서 매우 다행스러운 일이다. 양치질은 가능한 한 개인적인 공간에서 다른 사람이 보이지 않는 곳에서만 하는 것이 예의이며, 공중보건 상 화장실에서 혼자 해야 한다.

40여 년을 비행기를 타고 세계 여러 곳을 다니며 여행했지만,

비행기 내에서 여러 승객이 보는 앞에서 양치질하는 사람은 한국인들 이외는 본 적이 없다. 중국인도 하지 않는다. 중국인도 안 하는데 부끄러운 행동을 하면서 부끄러운 짓인 줄을 모르고 한국인들이 한다. 화장실 앞에 서서 기다리며 다른 승객들이 보는 앞에서 계속 양치질하는 모습은 불결하기도 하지만, 입안의 침이(균. microbial) 밖으로 2~3미터 정도 튀긴다는 치과대학의 연구논문을 본 적이 있다.

약 3주 전 두바이에서 인천으로 오는 비행기에 탑승했을 때 다리에 쥐가 나려고 해서 기내 맨 뒤편 화장실 앞 공간에 서서 종아리를 주무르고 있었다. 곧이어 40~50대로 보이는 한국 관광객이 입에 칫솔을 물고 나타나 화장실 앞에서 기다리며 계속 대화를 하면서 양치질하는데 어찌나 불결하게 느껴지는지 같은 공간에 서 있을 수가 없었다. 어린아이도 아닌, 40~50대 성인들이 다른 사람 앞에서 양치질하는 것이 실례요, 불결하게 보인다는 것을 모른다는 말인가? 같은 한국 사람인 내가 견디기 어려울 정도로 불쾌하고 불결하다는 생각이 드는데 다른 외국인들은 어떻겠는가? 질병관리와 공중보건에 최고의 신경을 쓰는 크루즈 배 공중화장실 앞에서 양치질하고 있는 승객을 직원이 발견하면 당장 징계를 내릴 것이다.

줄 서서 기다릴 때 밀착은 금물

한국, 중국, 일본 사회는 줄을 설 때나, 에스컬레이터를 탈 때 숨 막힐 정도로 앞 사람과 밀착한다. 서양 사람들이 가장 싫어하고 불쾌하게 느끼는 것이 주변 사람들이 자기 곁에 와서 밀착하는 것이다. 코로나 시대를 겪으면서 다행히 우리 사회도 밀착의 습관이 조금은 여유가 생기게 된 것 같다.

서양인들의 의식구조는 자기가 서 있는 곳을 기준으로 어느 정도의 공간을 아무도 침범할 수 없는 개인의 영역으로 인식한다. 우리는 밀착의 문화권에서 살아왔기 때문에 그런 분위기에 익숙해서 별 불편함을 느끼지 못할는지 모르겠지만, 서로 간에 공간을 두는 것은 공공위생 면에서도 좋을 것 같다.

줄을 서서 기다릴 때 밀착한다고 해서 줄이 빨리 움직이는 것은 절대 아니다. 해외에 여행 중 특히 크루즈에서는 제한된 공간에 많은 인구가 모여 있기 때문에 특히 주의를 해서 다른 사람의 공간을 존중해 주는 것은 중요한 공중 예의다.

크루즈를 하면서 미국인 부부를 만난 적이 있었다. 두 부부는 누구 못지않게 여행을 좋아하는 분들이었다. 어느 날 Lido buffet 식당에 앉아 한 시간 정도 함께 차를 마시면서 서로 간에 여행담을 나눴다. 한국은 아직 방문할 기회가 없었지만, 몇 년 전 3개월을 일본에서 보내면서 일본 전국을 자유여행 했다고 한다. 일본 사람들과 사회에 대해서 입에 침이 마르도록 한참을 칭찬하면서, 일본인들의 한 가지 사회행동이 자기들을 매우 불편하고 괴롭게 했다고 한다. 가는 데마다 줄을 서야 하는데 뒤에서 바짝 달라붙어 밀착하는 일본인들이 무척이나 불쾌했다고 한다. 밀착한다고 해서 줄이 더 빨리 움직이지 않는다는 것을 왜 모를까? 우리는 익숙해서 아무런 불편을 느끼지 않을지 몰라도 크루즈의 모든 승객들은 매우 불편하고 불쾌하게 느낀다는 것을 기억했으면 좋겠다.

밀착에 대해서 한 가지만 더 전하겠다, 수년 전에 미국의 어느 신문에서 읽었던 기사 내용이다. 이 기사를 쓴 신문기자가 취재차 중국을 방문했다. 중국인들이 지속적으로 등 뒤에서 밀착하는 것을 참을 수가 없었던 어느 날 기차 정거장에서 줄을 서서 기다리면서 너무도 불쾌하게 밀착하는 중국 남자를 모른척하면서 몸을 틀며 팔꿈치로 얼굴을 쳐버렸다는 것이었다. 속이 시원했다고 한다. 이 기자는 폭력을 저질렀지만 얼마나 불쾌하고 화가 났으면 초등학생 같은 행동을 취했을까?

우리 한국인들은 빨리빨리 문화 속에서 태어나서 살고 있기 때문에 "빨리빨리"가 습관화가 되어 버린 것 같다. 어느 날 구청에

업무를 보러 갔다. 내 업무를 담당한 구청 직원이 10미터 거리를 이동하는데 빠른 걸음으로 달려가다시피 하는 것을 보았다. 기계처럼 빠른 동작으로 움직이면 업무는 빨리 처리할 수 있겠지만, 일하는 분위기를 바쁘고 혼잡하게 만들까 염려가 된다. 몇 년 전까지 한국 관광버스가 도착하면 동유럽 현지 사람들은 "빨리빨리 부대"가 왔다고 했다. 오죽했으면 이런 말이 나왔을까?

이제 우리도 좀 여유 있는 생활을 했으면 좋겠다. "빨리빨리" 태도가 좋은 점도 있지만, 주위 사람들을 혼란스럽게 하고 정신을 어지럽게 만들 수가 있다. 로스앤젤레스 근교에서 미국분과 골프를 친 적이 있었다. 골프 초보로서 나는 여러 타를 치기 때문에 시간이 걸릴 수밖에 없었다. 퍼팅(putting)을 끝내고 뒤를 돌아보니 세 사람이 기다리고 서 있는 것이었다. 내가 한국에서 하던 버릇대로 다른 분들이 기다리는 것이 미안해서 가볍게 달려 아래쪽으로 내려가니 미국인이 나에게 "왜 뛰어 내려오느냐?"고 물었다. "뒤에서 세 사람이 기다리고 있어서요"라고 했더니, 뒤에서 치는 사람들은 무조건 기다려야 한다면서, 우리가 서두르면 오히려 저 사람들의 마음을 바쁘게 하기 때문에 집중력도 떨어지고 도움될 게 아무것도 없으니 천천히 여유 있게 걸어 다니라고 충고하는 것이었다. 우리하고는 생각하는 것이 너무도 달랐다. 생각해 보면 미국인들의 태도가 훨씬 더 합리적인 것 같다. 우리말에 "급할수록 돌아가라. 급히 먹는 밥이 체한다. 급히 서둘면 일을 망친다."가 있다. 영어에는 "Haste makes waste."라는 표현이 있는데, 직역하면

"서둘면 낭비를 불러온다"는 것으로 서둘면 결국 손해를 본다는 뜻이다.

크루즈 하는 동안 Lido buffet 식당에 가면 한국의 뷔페처럼 줄을 서서 기다려야 할 때가 많다. 이 시점에서 한국의 크루즈 여행객들에게 10초만 더 기다리자는 "10초의 법칙"을 강조하고 싶다. 한번 몸에 젖어버린 습관과 버릇은 하루아침에 고치는 것이 어렵기는 하지만, 노력해서 안 될 것은 없다. Buffet 줄에 서서 기다릴 때 앞(옆)사람과의 밀착을 피하려고 신경을 쓰면서 적절한 공간을 유지하길 바라며, 다른 승객들에게 양보도 하는 미덕을 보이길 바란다. 크루즈 buffet 식당에서 음식을 떠 갈 적에 앞 승객과의 적절한 간격을 유지하길 거듭 호소하겠다.

누구든지 실수를 범할 수는 있다. 실수했다는 것을 의식하는 순간 재빨리 사과해야 하는 것이 예의다. 고맙다는 인사나 다른 사람에 대한 사과에 좀 인색한 사람이 한국 사람인 것 같다. 중국인이나 일부 한국인들은 툭 치고 지나치면서도 사과할 줄 모르기 때문에 상대방의 입장에서는 아주 불손하고 교만한 사람이라는 인상을 갖게 될 수밖에 없다. 사과해야 하는데 쉽게 영어가 입 밖으로 나오지 않는다면 "미안합니다."라고 한국말을 하면서 몸짓으로 정중히 사과의 뜻을 전하면 인간인지라 상대방도 금방 알아챈다. 최악의 경우가 실수를 범하고도 모른척하고 지나가 버리는 것이다.

한국말로 "미안합니다."라고 하면서 사과의 뜻을 전하라고 했으니, 이어서 한 가지를 추가하겠다. 오랫동안 여러 곳을 여행하다 보면 상상할 수 없었던 상황을 마주치게 될 때가 있다. 항상 행복하고 즐거운 순간만이 아니고 불쾌한 순간에 처하게 될 때도 있다. 일부 세계 사람들은 동양인들, 특히 중국인이나 한국인들은 품위가 부족하고, 온순하고, 영어가 서툴기 때문에 얕잡아보고 함부로 해도 힝의나 불평불만을 나타내지 않아 괜찮을 거라는 잘못된 생각을 하고 있는 경우가 있다. 우리에게 공개적으로 함부로 대하는 사람들도 있다. 이런 사람들은 거의 분명히 교육 수준도 낮고, 그 나라에서 사회적으로나 경제적으로 수준이 낮은 중류급 이하인 경우가 많다. 만약 이런 부당하고 억울한 경우가 발생했을 때 조용히 받아들이고 당하고만 있지 말고 완고하게 그리고 예의와 품위를 지키면서 한국에서처럼 한국말로 강력히 항의하기를 권한다. 언어 장벽 때문에 서로 간에 의사소통은 되지 않겠지만 어느 정도 당신의 못된 행위를 내가 용서할 수 없다는 의미가 전달될 수가 있다. 정중히 항의하지 않으면 언젠가는 다른 한국인들이 또 당하게 된다.

Chapter 7

여행을 좋은 추억으로
남게 하는 사람들

the allure of cruise travel

만남은 크루즈 여행을 기쁘게 한다

나는 크루즈를 무척 좋아한다. 크루즈의 매력에 푹 빠진 것 같다. 40여 년 전 처음 크루즈를 시작했을 때도 크루즈의 매력을 느꼈지만, 점차 크루즈를 하면 할수록 크루즈의 진정한 맛을 알게 되었다. 크루즈는 나이 든 사람들만 좋아하는 것이 아니다. 어린 아이들과 젊은 층도 좋아한다. 크루즈가 끝나고 하선할 때 나는 항상 크루즈가 더 계속되었으면 하는 아쉬움이 남았다. 최근에는 5주 이상 크루즈만을 중점적으로 하고 있다.

음식이나 갖가지 재밌는 행사들, 그리고 아름다운 자연과 기항지를 감상하고 여행할 수 있는 기회는 말할 필요도 없지만, 크루즈 여행이 나에게 주는 최고의 값진 특권은 세계 여러 나라, 문화, 정서, 언어, 역사, 생김새, 피부 색깔, 생각도 다른 사람들을 dining room이나 Lido 뷔페에서 만나 허물없이 다정하게 사귀면서 서로 간에 가까운 친구가 될 수 있다는 것이다. 나는 어려서부터 여행을 무척 좋아했다. 가족들은 내가 역마살이 붙었다고 했다. 국내 여행이건 해외여행이건 여기저기를 돌아다니면서 새로운 산천을 구경하는 것도 즐거웠지만, 사람들을 만나고 그들이 사는 모습을 보는 것이 나에게는 비할 바 없는 기쁨과 행복이었다. 무엇보다도 나에게 큰 기쁨과 삶에 귀한 의미를 부여하는 것은 모르는 사람들을 만나고 친구가 되는 것이었다.

아무리 얼굴색이 다르고, 언어가 다르고, 문화와 정서가 달라도 만나서 친구가 되고 보면 인간은 근본적으로 하늘 아래 다 같은 형제·자매라는 것을 깨닫게 된다. 나는 원래 성격이 개방적이고 밖에 나가 사람을 사귀고 어울려 함께 시간을 보내는 것을 좋아했다. 그렇다고 해서 특별히 사교적이고 외교적이지는 않은 것 같다. 다행히 모르는 사람을 아무런 부담이나 거부감을 느끼지 않고 만날 수 있는 성격을 지니고 태어난 것 같다. 길에서 지나치는 모든 사람을 나는 형제·자매, 절친한 친구라고 생각하면서 걸어간다. 아무 때나 누구를 만나도 자연스럽게 대화를 주고받을 수 있는 성격을 주신 부모님께 감사를 드린다. 모르는 사람과 만나 자연스럽게 대화도 하고 농담을 주고받는 것은 개인적인 성격도 중요하지만, 문화적인 정서도 중요한 역할을 하는 것 같다. 미국, 캐나다 및 서양 사람들은 모르는 사람들끼리도 금방 친구가 되어 자연스럽게 대화를 나누는데 안타깝게도 우리의 정서는 그러질 않는 것 같다. 우리는 모르는 사람끼리는 어쩐지 서먹서먹하고 거리감을 느끼며, 친절을 베풀며 접근하면, 같은 한국 사람인데 오히려 의심받을 때도 있다. 우리는 모르는 사람을 만났을 때 다정하게 자연스럽게 대화하는 정서 속에서 자라지 않아 훈련이 잘되지 않은 것 같다.

크루즈 dining room이나 Lido 뷔페에서 다른 승객들을 만나 친교를 맺으려 할 때, 언어 장벽까지 겹쳐서 힘들 수가 있겠지만, 번역기를 잘 사용하면 어느 정도 장벽을 극복할 수 있을 거라 생각한다. 번역기가 두 사람 관계를 편안하게 만드는 촉진제가 될 수도 있다. 몇 년 전에 크루즈 dining room에서 브라질 승객을 만났는데, 영어를 전혀 못 하는 분이었고 나는 포르투갈어를 못해서 번역기에 의지할 수밖에 없었다. 번역기를 앞에 두고 서로 깔깔대며 웃다 보니 더 가까워졌던 기억이 난다.

크루즈 여행이 나에게 주는 최고의 즐거움과 기쁨은 여러 나라에서 모여든 다양한 사람들을 만날 수가 있다는 것이다. 그들의 인생담을 들으면서 여기까지 살아온 내 인생을 다른 사람의 인생에 비춰보면서 많은 생각을 할 기회를 갖게 되고 무엇보다 나 자신에 대해서 배우게 된다. 영어가 능통하지 못하더라도 위축되지 말고 떳떳이 편한 마음으로 대하면 번역기를 사용하면서 서로 즐거운 대화를 어느 정도 이어갈 수 있다고 생각한다. 크루즈를 하면서 만났던 인상에 오랫동안 남아 있는 승객들을 간단히 소개하겠다.

자유를 갈구하는 히피족 부부

미국은 1960~1970년대 정치적으로 사회적으로 심한 진통을 겪었다. 외부적으로는 월남전으로 미 전국이 지칠 대로 지쳐 있었으며, 전쟁의 사상자는 늘어가고, 날로 산더미처럼 쌓이는 전비에 국민들은 분노하기 시작했으며, 반월남전 시위가 전국적으로 확산되어 갔다. 동시에 흑인들의 인권운동 및 폭동은 전국 여러 지역에서 폭발하기 시작하여 미국 사회는 말할 수 없는 대혼란에 빠지게 되었다. 전쟁과 인종 문제의 혼란 속에서 현실에 환멸을 느낀 젊은이들은 밀려오는 반사회적인, 자유로운 생활방식을 추구하는 새로운 히피 문화(hippie culture)에 매력을 느끼고 기존의 미국 사회를 등지기 시작하면서, 젊은 대학생들은 대거 학교를 중퇴하고 히피 운동에 뛰어들기 시작했다. 히피 운동을 미국의 문화혁명이라고 부르는 사람들도 많았다. 60년대 중반에서 70년대 중반까지가 현대 미국 역사에서 가장 혼란스러운 시대였을 뿐만 아니라, 사회, 정치적인 면이나 일상생활, 국민의 사상에서부터 이민 정책까지 수많은 변화가 있었다. 변화의 물결 속에서 히피운동(hippie

크루즈 터미널 check-in

^{movement)}은 젊은 층에서 중·장년층까지 퍼져나가기 시작했다.

브라질 산토스 항구에 위치한 cruise terminal에서 유럽으로 가는 크루즈 배에 승선하기 위해 check-in 줄에 서서 기다리고 있었다. 바로 옆줄에 한 부부가 서서 기다리고 있는 모습이 눈에 띄었는데, 옷차림이나 그분들의 분위기가 예사롭지 않았다. 나이는 70대 초로 느껴지는데 옷차림은 물론이지만, 남자분은 덥수룩하게 수염을 길렀고, 등에는 기타를 짊어지고 있었다. 부부의 옷차림과 분위기는 다큐 영화 "Woodstock"에서 본 듯한 느낌이 들었다. "Woodstock"은 뉴욕주에 위치한 조용한 마을인데 여기에 있는 농장에서 1969년에 그 유명한 Woodstock Music Festival이 열렸으며, 히피 문화와 Woodstock은 앙금과 찐빵 같은 관계가 되어 버렸다. 60대 이상의 미국인들은 히피 문화 하면 Woodstock이 맨 먼저

머릿속에 떠오르고, Woodstock 하면 "히피 문화"가 먼저 머릿속에 떠오를 것이다. 히피와 Woodstock은 미국의 새로운 문화와 정서를 창조하는 데에 중요한 역할을 했다.

Check-in을 기다리는 줄이 움직이면서 내가 서 있는 줄 옆으로 부부가 다가오자, 나는 곧 인사를 하고 나를 소개했다. 그분들도 자기를 소개했다. 따뜻하고 다정한 웃는 모습이 60~70년대에 월남전쟁을 반대하고 평화를 부르짖던 평화주의자들을 연상케 했다. 60~70년대 히피족이었을 거라는 생각이 들었다. 우리는 check-in을 끝내고 승선했다. 강한 인상을 나에게 준 이 부부는 분명히 흥미진진한 사연이 있을 것이라는 생각에 나의 호기심은 점점 부풀어 갔고, 크루즈 하는 동안 dining room이나 Lido 뷔페에서 만나길 기대하고 있었다.

예상하고 기대했던 대로 승선한 지 2~3일 후 Lido 뷔페 테이블에 앉아 있는 두 분을 발견하고 다가가서 인사를 했다. 그날 오후 무려 3시간 이상을 함께 차를 마시며 우리는 지칠 줄을 모르고 서로 이야기를 나눴다. 이후로도 우리는 크루즈 하는 중 3번을 만나 즐거운 시간을 함께 보냈다. 내가 상상했던 대로 남편 Tom과 부인 Georgianna는 60년대 말~70년대 초에 미국에서 대학을 다녔으며, Tom은 MBA 학위를 받고 금융계에서 일을 했고, Georgianna는 학교 교사로 근무하다 부부는 10여 년 전에 은퇴했다고 한다. 이 두 분은 대학 시절 몇 년 동안 전형적인 히피족 생활을 즐겼으며, 기타를 치고 맨발로 떠돌아다니면서 자유분방한 생활을 한없이 만끽했다고 옛 추억에 잠기기도 했다. "지금 메고 다니는 기타가 히피 시절 그때 그 기타냐?"고 물었더니 웃으면서 아니라고 했다.

우리 한국 사람들은 상상하기 어려울는지 모르겠다. 75세의 퇴직자들이 50여 년 전에 장발(長髮)의 히피족으로 기타를 메고 맨발로 자유 분망하게 정처 없이 떠돌아다니면서 젊음을 보냈다는 것을 누가 상상이나 하겠는가? 이런 낭만이 어디 있을까? 갑자기 이 두 부부의 젊은 시절이 부러워지기 시작했다.

Tom과 Georgianna의 낭만은 여기서 끝이 아니었다. 퇴직한 직후 두 사람은 집, 자동차, 가구 등 자기들이 소유한 전 재산을 모두 다 팔아 버렸다. 현재 소유하고 있는 것은 기타, 노트북, 휴대전화기 1대, 그리고 각자가 신발 2켤레, 바지 2벌, 잠바 2개, 속옷 몇 벌, 양말 3켤레, 세면도구, 기본적으로 필요한 약품들이 전부라고 한다. 도대체 믿을 수가 없어서 다시 물었더니, 오히려 반문하는 것이었다. "왜 바지가 2벌 이상 필요한가요?" 여행 다니면서 손으로 물빨래해서 말리면 되기 때문에 아무런 불편이 없다는 것이다. 본인들 말이 자신들은 지난 10년을 세계 각국을 돌아다니며 유목민(nomad) 생활을 하고 있으며, 국제 유목민 협회를 조직했다면서 나에게도 유목민 생활을 한번 해보도록 추천했다. 정말 두 부부는 행복해 보였다.

크루즈가 끝나고 집에 와서 옷장에 걸린 바지를 세보니 25벌이 넘었다. 윗옷도 30벌 이상이었다. 비교적 검소한 생활을 하는 편이라고 자부했던 나는 좀 부끄럽다는 생각이 들었다. 오늘날 우리는 너무 과하게 풍족한 생활을 하고 있다는 생각이 든다. 나는 몇 년 전에 자동차를 팔아 버리고 자가용이 없는 생활을 하고 있다. 전적으로 대중교통에 의지하면서 살고 있는데 경비도 절약되고 주차 걱정도 할 필요가 없어 좋다. 자동차 없이 몇 년 동안 생활을 해보니 한국처럼 대중교통이 편리하게 잘 발달한 사회에서는, 생계를 위해서 자동차를 꼭 소유해야 하는 경우를 제외하고는, 자동차가 필요 없다는 생각이다. 생계를 위해서 소유하는 것과 편리해서 소유하는 것은 완전히 다른 상황이다.

그간 국내에서 여러 지역을 자가용 없이 여행했다. 한국 같은 나라는 드물 것 같다. 기차, 버스, 마을버스, 택시를 타면 조그만 섬마을까지 얼마든지 불편 없이 갈 수가 있다. 오래전 경주에 놀러 갔다. KTX를 타고 경주역에서 내려서, 경주 시내로 가는 버스를 타고, 시내에서 버스를 한 번 갈아타면 예약된 호텔에 도착한다. 약 200미터를 걸어가면 호텔 입구가 나온다. 호텔에서 체크인하는데 자동차 번호를 물어본다. KTX와 시내버스를 타고 왔다고하니 좀 놀란 표정을 보이면서, 서울에서 오신 손님들은 거의 전부 차를 몰고 온다고 하면서 나 같은 손님은 매우 드물다고 말한다. 사람마다 여행하는 취향이 다르겠지만, 내가 볼 때는 이런 여행이 진짜 알짜배기 여행인 것 같다. 이런 식으로 여행하니 여행이 더 맛이 나고 낭만적으로 느껴진다. 차가 없으니 공해를 일으키지 않고, 보험료, 등록비, 기름값, 주차비 등등 비용이 상상 이외로 크게 절약이 된다는 것을 차를 팔고 난 후에 알게 됐다.

4~5년 전 서울에서 택시를 탔었다. 택시 기사분이 며칠 전에 만난 30대 젊은 손님 이야기를 들려준다. 젊은이는 서울 근교에서 광화문끼지 자동차로 출퇴근했었는데 자가용을 팔고 지금은 1주일에 5일을 택시로 출퇴근한다고 했다. 통근 시간은 자가용이나 택시가 비슷한데 운전하느라 신경을 쓰지 않아서 좋고, 세세히 계산을 해보니 비용면에서 택시로 출퇴근하는 것이 훨씬 저렴하다는 것이다. 우리는 조금만 노력하면 얼마든지 합리적인 생활을 하면서 동시에 환경보호도 할 수 있을 것 같다.

정해진 주소 없이 유목민 생활을 하다 보면 문제가 될 것 같아 Tom과 Geogianna에게 물어보니, 워싱턴에 살고 있는 동생의 집 주소를 자기들의 주소로 사용하고 있으며, 미국에는 1~2년에 한 달 정도 자녀와 손주들을 방문하고 다시 유목민 생활로 돌아간다고 한다. Tom 부부와 친해져서 가끔 이메일을 교환하는데, 최근 6개월간 과테말라를 여행 중이며 약 3개월은 조그만 마을에서 원주민들과 생활을 한 후, 40일간 크루즈를 한 다음 일본에 살고 있는 막냇동생 집을 방문할 예정이라고 알려 왔다. 55년 전의 히피족이 70대 중반이 된 지금 나이에도 낭만이 가득한 열정적인 인생을 사는 모습이 부럽기 짝이 없다는 생각이 든다.

그동안 유목민으로 세계 각지를 떠돌아다니며 쌓은 견문과 지혜로 가득한 Tom과 Georgianna를 다시 만날 날을 기다리고 있다. "할리우드(Hollywood)에 있는 톰 크루즈(Tom Cruise)에게 연락해서 당신들의 일생을 바탕으로 영화를 제작하도록 부탁하겠다."라고 했더니 크게 웃는 것이었다. 이런 것이 바로 크루즈의 진짜 매력이다. 어딜 가서 이처럼 희귀하고 흥미진진한 Tom과 Giogianna를 만나 친구로 사귈 수가 있겠는가?

자전거로 만릿길

　내가 탄 크루즈 배가 기항지인 벨기에 제브뤼헤(Zeebrugge, Belgium) 항구에 도착했다. 벨기에에서 가장 잘 알려진 관광지인 브뤼허(Bruges, Belgium)에 가려고 제브뤼헤에서 기차를 탔다. 마주 보고 앉아 계시는 부부가 있었다. 우리는 곧 인사를 나눴고, 이분들은 네덜란드에서 오신 60대 초쯤 보였는데 남편은 체격이 아주 강직하게 보였고 운동선수 출신 같은 인상을 주는 분이었다. "저는 한국에서 왔는데 축구 코치 히딩크(Gus Hiddink) 씨 나라에서 오셨네요."라고 했더니 이 부부는 히딩크 감독에 대해 너무 잘 알고 있었으며, 2002년 월드컵에 대해서 나보다 더 자세히 알고 있었다. 2002년 월드컵 때 한국에서 히딩크 감독의 인기는 하늘을 찌를 듯했으며, 만약 히딩크 씨가 한국 대통령으로 출마했더라면 대승리했을 거라고 했더니 두 부부는 손뼉을 치며 좋아하는 것이었다.

　이분들은 자유여행, 단체여행, 크루즈 여행을 하면서 은퇴 생활을 즐기고 있다고 한다. 다음 여행지는 어디냐고 물었더니, 미얀마(Myanmar)라고 한다. "왜, 미얀마죠?"라고 물었더니 몇 년 전에 미얀마에 가서 3개월을 살았는데, 사람들도 너무 친절하고 좋고, 자연환경과 날씨도 좋고, 물가도 싸서 또 가고 싶다는 것이다. 이번에는 자전거를 타고 갈 예정이라고 한다. 왕복을 자전거를 타고 갈 계획이기 때문에 부인은 너무 힘들어서 못 가고 집에서 1년 이상을 자기를 기다리고 있어야 한다고 했다. 자전거를 타고 서울에서 인천을 가는 것도 힘들 텐데, 미얀마까지 간다고 하니 상상을 할 수가 없었다. 차라리 말을 타고 가는 것이 더 편하고 빠르지 않을까 하는 생각이 머릿속을 스치고 지나갔다. "얼마나 걸릴까요?"라고 물으니, 날씨가 좋고 별 이변이 없으면 6개월가량 걸리겠지만, 날씨가 좋지 않거나, 도중에 아름다운 지역을 지나게 되면 그곳에서 며칠 동안 머물다 갈 계획이니 9개월 후에 미얀마에 도착할 거라고 한다. 두 부부와 대화하면서 슬쩍 구글에서 네덜란드와 미얀마 간 자동차 운전 거리를 조회해 보니 약 12,500km(비행거리는 약 8,400km)로 나온다. 하루도 쉬지 않고 매일 70km를 달려야 6개월에 12,500km를 갈 수 있는 거리다.

두 분을 만난 다음 날 세계지도를 들여다보고 더욱 놀랐다. 어떻게 이렇게 멀고도 험악한 지역을 자전거를 타고 갈 생각을 했을까? 자전거로 가기엔 너무 힘든 지역을 피해 비교적 자전거로 갈 수 있는 쉬운 길을 택해서 돌아갈 땐 12,500km보다 훨씬 더 먼 거리가 될 것 같다는 생각이 들었다. 정말 대단한 모험과 도전정신을 가진 그분에게 감탄과 존경을 표한다. 만약 북한을 통과하는 것이 가능하다면, 자전거를 타고 한국에서 로마까지 가겠다는 62~63세 되는 대한민국 남자가 있을까?

새로운 지역을 탐방하고 즐거운 시간을 갖게 되는 것은 물론이지만, 크루즈 여행의 최고의 매력은 이분들처럼 세계 여러 곳에서 모여든 다양한 사람들을 만나 이야기를 주고받으며 인생을 살아온 길이나 생각이 다른 사람들을 만남으로써 나 자신을 생각할 기회를 얻게 된다는 것이다. 이런 기회를 얻게 됨으로써 우리는 발전하는 것 같다.

남한의 섬들을 탐방한 미국인

이날은 크루즈 배가 온종일 평화로운 바다를 항행하는 sea day 였다. 나에게 sea day는 편히 객실에서 쉴 수도 있고, 멀리서 불어 오는 신선한 공기를 마시며 갑판을 거닐면서 많은 생각을 할 수 있는 좋은 기회이다.

그날 Lido buffet 식당 테이블에 자리를 잡고 앉아 커피를 즐기 고 있었다. 옆 테이블에 80세쯤 보이는 부부가 앉으시면서 친절 히 인사를 하신다. 여자분은 영어 속에 남미 발음이 좀 있었고, 남 자분은 영어를 하실 때 독일어 발음이 약간 있는 듯했다. 여자분 은 페루(Peru)에서 태어나 미용사로 일하다 20대에 미국으로 이민을 왔고, 남자분은 체격이 강하고 키가 컸는데 벨기에에서 17세 때에 미국으로 이민 갔고, 몇 년 후 미국 군대에 입대했으며 제대 후에 대학을 갔다고 한다. 이분들은 성격이 아주 쾌활하고 농담도 잘하 시며 이야기를 재밌게 잘하셨다. 자기들이 춤을 좋아해서 매일 밤 춤을 추는데 나보고도 춤추러 오라고 하시는 것이다. 나도 춤을 좋아해서 크루즈 하면서 매일 밤 춤을 춘다고 말하고 이분들 얼굴을 자세히 보니 춤추면서 몇 번 봤던 것도 같다.

　한국에서 왔다고 했더니, 밝게 웃으시면서, 1980년 자기가 35살쯤 됐을 때 한국에서 4개월을 살았다고 한다. "어떻게 해서 한국에 오셨으며 무엇을 하셨습니까?"라고 물으니, 군대에 있을 때 6·25 전쟁과 한국에 대해서 말을 많이 듣고, 한국에 대한 호기심이 많이 생겼으며, 젊었을 때 머나먼 나라에 여행을 많이 하고 싶었다고 한다. 한국에 도착하자 곧 자전거를 1대 사서 남한 일대를 여행했으며, 섬을 너무도 좋아해서 남해안의 섬들을 자전거를 타고 구경했다고 한다. 강화도, 제주도, 진도, 완도, 거제도 등, 울릉도와 독도만 빼놓고 남한의 섬들을 많이 탐방한 것이었다. 자기가 방문했던 섬의 이름을 대는데 부끄럽게도 거의 대부분은 내가 들어보지도 못한 섬들이었다. 남해안의 섬들이 너무도 아름다웠고 자연환경이 최고였다고 칭찬을 많이 하는 것이었다. 그때는 구글 지도나 인터넷도 없었는데 어떻게 찾아다녔을는지 상상하기가 어렵다.

　몇 년 전에 지인이신 부부가 부산에서 목포까지 2주간 여행을 하고 개발이 덜 된 상태에서 자연 그대로 남아 있는 남해안 지역과 섬들이 너무도 아름다웠다며 나에게도 남해안 여행을 추천하신 적이 있었다. 전국 이곳저곳 여행을 해본 경험이 있는 사람으로서 나도 지인들의 말에 동의한다. 그러나 지역에 따라 과잉 개발이 된 상태에서 제대로 유지가 되지 않아 오히려 흉물인 곳도 있고, 심사숙고가 없이 무작정 개발해서 자연을 망가뜨려 버렸다는 인상을 주는 곳도 있었다. 차라리 개발하지 않고 그대로 놔뒀다면 훨씬 더 자연스럽고 좋았을 텐데 하는 생각을 하게 되는 곳들도 많이 있었다.

한국 사람인 나도 지금도 섬에 여행을 가면 불편하게 느껴지는 때가 있는데 아무리 젊은 나이였지만 선교사도 아닌 사람이 45년 전 1980년에 섬을 여행하면서 얼마나 불편함이 많았을까? 하는 생각이 든다. 하여간 이분의 개척정신이 대단한 것 같다. 지금도 이분의 따뜻한 천진난만한 미소가 머릿속에 떠오르면 나도 모르게 가슴속이 훈훈해지면서 내 얼굴에도 미소가 떠오른다. 내가 진지하게 원하는 것이 바로 이런 것이다. 내가 크루즈 여행 중에 만나는 모든 사람에게 나에 대한 이런 훈훈한 좋은 인상을 심어 주는 것이다. 단체여행이나 자유여행에서는 전혀 모르는 사람을 만나 어느 정도 긴 대화를 할 수 있는 기회가 거의 없다. 그러나 크루즈 여행에서는 얼마든지 가능하다. 이분들과는 그 후 댄스장에서 여러 번 만나 춤도 함께 췄고, 기항지에서 관광도 같이 했다. 이분들은 지금 어디를 관광하고 계실까 궁금하다.

인도 부부의 질문

다른 승객들과 만남을 갖기 위해 어느 날 점심 식사를 Lido의 buffet가 아닌 dining room에서 식사하기로 결정하고 dining room 으로 내려갔다. 8인석 테이블에 앉게 되었는데 내 바로 옆에 앉아 계신 부부는 인도분이었다. 인도 부부는 60대 후반이며 10년 전에 은퇴한 후 계속 세계 곳곳을 여행하면서 은퇴 생활을 즐기고 있다고 한다. 내가 탄 크루즈는 5주간의 크루즈였기 때문에 승객의 대부분은 60세 이상의 퇴직자들이었다.

인도 부부와 대화를 하다 보니 마치 미국에 오래 살고 있는 한국인 부부와 이야기하는 느낌도 들었다. 두 분은 20대에 인도에서 공학 분야(engineering)를 공부하려는 꿈을 안고 미국으로 유학을 왔으며, 대학원 공부가 끝나고 캘리포니아주 실리콘밸리의 high tech 회사 연구실에 취직했다. 아주 대표적인 인도, 한국, 중국 유학생들의 성공 사례이다. 이들에게는 로미오와 줄리엣 같은 낭만이 가득한 사랑 이야기도 있었다.

두 젊은 인도 유학생은 미국의 어느 대학 교정에서 만나 첫눈에 서로 사랑에 빠졌는데, 문제는 두 사람의 결혼을 극구 반대하는 여자의 아버지였다. 40여 년 전 인도 문화였기에 조금은 이해가 되었지만, 여자의 아버지는 미국에 와서 딸을 납치해 인도로 데려갈 정도로 반대했다고 한다. 동서고금을 불문하고, 이 세상에 자식 이기는 부모는 없는가 보다. 인도 정서와 문화를 조금 알고 있는 나는 이해가 됐다. 쉽게 말해서, 여자는 경제적으로 사회적으로 힘깨나 있는 집안 출신이었고 남자는 시골 촌구석에 볼품없는 농부의 자식이었다. 부인은 특별난 게 없었지만, 남편은 품위도 있고 인물도 인도 영화배우에 못지않게 미남이었다. 내가 겉으로만 봤을 땐 남편 쪽이 오히려 큰 손해를 보고 결혼을 했다는 느낌이 들었다. 20대 젊은이들은 미래가 어떻게 펼쳐질지 아무도 모른다. 그러나 현재 이 부부는 자녀 3명을 거느리고 미국 캘리포니아주에서 행복한 삶은 즐기고 있다. 인도 부부처럼 현재 미국엔 이와 비슷한 사연이 있는, 과거에 유학생 생활을 했던 한국인들도 상당수가 있다.

인도 부부와 대화는 점심 식사가 끝난 후에도 커피를 마시면서 계속됐다. 인도 남편이 질문을 했다. "우리 부부가 지난 10년 동안 여행을 무척 많이 했습니다. 가는 곳마다 한국 관광객들에게 떠밀려 다닐 정도로 한국인이 많았는데, 왜 크루즈를 타면 한국 승객이 없습니까? 이번 크루즈에서 당신을 만나기 전까지 한국인을 한 사람도 못 봤습니다. 크루즈를 15번 정도 했는데 한국 사람

얼굴을 보기가 어려웠습니다. 한국인들은 유전적으로 배 타는 것에 대한 공포증이라도 있습니까?" 듣고 보니 참 어이없는 질문인 것 같았다.

그 순간 몇 년 전 미국에 있는 한국여행사 직원에게 들었던 몇 마디가 머릿속에 다시 떠올랐다. "미주 교민들 중 크루즈를 다녀온 사람들 2/3 정도는 두 번 다시 크루즈를 안 가겠다고 한다." 여행사 직원의 결론이 얼마나 정확한지는 알 수 없지만, 크루즈 승객 중 한국인 수가 매우 적은 것은 사실이다. 최근 몇 년 동안은 중국인들 발길에 차일 정도로 중국인 크루즈 승객들은 급격히 증가했는데 한국인 승객은 적은 편이다. 한국인 승객들의 거의 대부분은 미국과 캐나다에 거주하는 교민이고, 한국에서 직접 오는 승객은 매우 드문것 같다. 이유가 무엇일까? 자연히 이유가 무얼까? 하는 생각을 하지 않을 수가 없다.

"배를 타는 걸 무서워하는 유전자"하고는 아무 상관이 없다. 솔직히, 이유는 언어(영어) 문제에 있는 것 같다. 영어를 어느 정도로 자연스럽게 구사를 못 하면, 8인석 테이블에 앉아서 다른 승객들과 편하게 대화할 수가 없을 테니 부자연스럽고 불편해서, 우리한국인들이 자주 표현하는 "자존심이 상할 수밖에 없다." 다른 민족에 비해 우리나라의 정서는 개인의 "자존심"에 큰 무게를 두고 있으며, 자존심이 인간의 가치관과 존재 의식의 중심이 되었다. 한국인들의 마음엔 자존심이 상하는 것을 참지도 못하고 견디질 못한다. 반면에 다른 나라 사람들은 "자존심"이라는 단어를 대화

중에 별로 사용하지도 않고 그렇게 중요하게 생각하지도 않는다. 한국인들은 친구들 간에 자존심을 상하게 하면 우정에 금이 갈 정도로 자존심을 중요시한다. 누가 옳고 그름을 말하는 것이 아니고, 다른 점을 지적하는 것뿐이니 독자들의 오해가 없길 바란다.

한국인들의 정서는 자존심이 조금 상했다면, 곧 불행에 빠져버리고 주눅이 들고, 심리적으로 위축되는 것 같다. 그럴 필요가 조금도 없다. 생각하기 나름이다. 영어권 나라에서 태어나지 않았으니 우리는 당연히 영어가 서툴 수밖에 없다. 전도사로 널리 알려진 빌리 그레이엄(Billy Graham)은 "인간의 독이 되는 자존심을 버려라."라고 말씀하셨다. 우리는 자존심에 과하게 집착하고 있다는 인상을 주는 것 같다. 중국인들을 보라. 영어를 못하지만 어딜 가나 당당하다. 우리도 중국인들처럼 영어 실력에 신경 쓰지 말고 당당하게 크루즈 여행을 즐기면 된다. 당당하면서 예의와 품위는 지켜야 한다. 예의와 품위가 없이 억지로 당당하려고 하는 것처럼 추한 모습도 드물다. 인도 부부에게 내 나름대로 자세히 설명했더니 이해할 것 같다고 한다.

치매 환자 부인에게
지극정성인 의대 교수

어느 날 점심 식사를 하면서 두 명 부부 승객(4명)과 같은 테이블에 함께 앉게 되었다. 모두 70~80세 되는 분들이었고 샌프란시스코에서 오신 미국분들이셨다. 네 분 중 한 남자분은 일본인 3세 미국인이었고 부인은 백인이었는데 아주 우아하고 따뜻한 인상을 주신 분이었고, 일본인 3세인 남편도 아주 지적이고 품위가 있는 분이었다. 다른 부부들도 품위가 높은 지식층처럼 보였다. 남편은 85세이고, 부인은 79세인데 거동이 상당히 불편해 보였다. 네 분과 두 차례 크루즈 배 dining room에서 식사를 했다. 85세인 Ron 씨는 친절하고 따뜻한 인간미가 몸에 밴 인자하고 침착한 교육자 인상을 주는 분이었다. 이 분들을 만나자 곧 내 소개를 했다.

Ron 씨는 내가 한국에서 왔다고 하자 자기 부부가 1995년에 한국을 방문했다고 한다. 내가 상상했던 대로 Ron 씨는 현직에 있을 때 텍사스주립대학 의과대학 산부인과 교수로 재직하다 약 15년 전에 은퇴했다고 한다. 1995년에 자기의 연구 주제에 관심이 많은 서울의대에서 초대를 해주어 세미나도 하면서 한 달 동안 전국을 관광했다고 한다.

부인은 신체적인 장애도 있었지만, 치매증세도 있었다. 10분 간격으로 같은 말을 반복적으로 하고, 같은 질문을 3~5번을 되풀이하는 것이었다. 한국에서 가장 맛있게 먹었던 음식을 설명하는데 조리 있게 논리적으로 언어를 구사하는 능력이 부족하고 힘들어하는 것이 분명히 치매가 있다는 생각이 들었다. 아마도 돌솥비빔밥을 나에게 설명하려고 했던 것 같다. 놀랍고 감탄스러운 것은 의대 교수였던 Ron의 부인에 대한 반응과 태도였다. 부인에 대한 말 한마디 한마디, 손길 하나하나가 표현 그대로 부인에 대한 사랑의 꿀이 뚝뚝 떨어지는 것을 보고 있는 것 같은 느낌이 들었다. 아~ 이분은 천사로구나! 내가 크루즈에 와서 천사를 만났구나 하는 생각이 들었다.

한번은 식사 도중에 부인이 화장실을 가야 한다고 했다. 남편이 일어서서 부인을 부축해 모시고 나가는 모습이 얼마나 아름다웠는지 표현할 수가 없다. Ron의 부인은 환자이기 때문이겠지만 얼굴이 항상 고통스러운 표정이었고 남편에게 짜증까지 부리는 것이었다. 남편은 시종일관 밝은 표정과 미소를 띠며 아주 부드러운 음성으로 부인의 말에 짜증 한 번 부리지 않고 대답을 해주고, 이것저것 설명도 자상하게 정성껏 해주었다.

화장실도 혼자 갈 수 없는 부인을 모시고 22일간의 크루즈를 어찌 올 수가 있을까? 보통 사람들은 감히 상상도 못 할 것 같다. 이런 분은 세상 어딜 가도 찾을 수가 없을 것 같다. 이런 헌신적인 훌륭한 천사 같은 분을 크루즈에서 만날 수 있었다는 것이 큰 축복으로 느껴졌으며, 내 자신을 생각해 보고 부끄러움을 참을 수가 없었다.

Ron은 원래 천성이 천사 같은 사람인 것 같았다. Ron의 환자들은 온갖 정성과 사랑의 손길로 치료를 해준 이런 의사분을 얼마나 고마워했을까? 한국에도 이처럼 헌신적이고 심성이 천사 같은 의사들이 있겠지? Ron으로부터 너무도 값진 귀한 교훈을 배웠으며, 나도 저런 사람이 될 수 있도록 노력해야겠다는 다짐을 마음속으로 굳게 했다. 85세 남편이 치매기가 있고 신체장애가 있는 부인을 모시고 3주 크루즈 여행을 한다는 것을 상상조차 할 수가 없다. Ron은 영원히 내 가슴속 깊이 잊지 않고 남아 있을 것이다.

크루즈에서 만난 동양 여인들

몇 년 전까지만 해도 혼자서 크루즈 여행을 오는 사람들은 매우 드물었기에 만나 보려고 해도 만나는 것이 쉬운 상황은 아니었다. 객실을 혼자 사용하기 때문에 크루즈 가격을 2배로 지불해야 했었고, 10~15년 전만 해도 남자건 여자건 혼자 크루즈를 오는 사람에 대해 약간 비호의적인 태도를 보인 승객들도 있었다. 그러나 불과 몇 년 내에 나홀로족 크루즈 승객들이 눈에 띄게 증가했다는 것을 느꼈다. 최근에는 홀로 크루즈 여행을 즐기는 승객들을 dining room, Lido, 연주장, dance hall에서 자주 마주치게 된다.

CLIA(Cruise Lines International Association, 국제크루즈협회) 발표에 의하면 지난 10년 동안 나홀로족 크루즈 여행객 수가 2배 이상 증가했다고 한다. 날로 증가하는 나홀로족들을 모시기 위해 크루즈회사들은 2인용 객실을 1인용으로 개조하기 시작했다. 그간 세계적으로 나홀로족의 인구가 늘어나고 사회의 인식이 변함에 따라 크루즈회사들도 사업계획과 사업전략을 바꾼 것이다. 앞에서도 언급했지만, 수입면에서 볼 때 비어 있는 객실로 항행하는 것보다는 승객 한 명이라도 더 승선시키는 것이 아무래도 도움이 될 것은 자명하다.

언젠가 대서양을 가로질러 가는 한 달간의 크루즈 여행을 했다. 이 크루즈 배에는 3,500명 이상의 승객이 타고 있었는데, 나홀로족 여행객들이 무척 많다는 것을 곧 느낄 수가 있었다. 호기심에 혼자 오신 승객에게 말을 건넸다.

"이 크루즈에는 혼자 오신 승객들이 무척 많은 것 같군요. 이처럼 나홀로족이 많은 크루즈는 처음인데요."라고 했더니,

"크루즈회사가 나홀로족 승객에게 크루즈 역사상 처음으로 파격적인 세일을 했습니다. 2배의 가격이 아니고, 15%만 추가로 지불했거든요."

어떤 크루즈회사는 승객의 약 20%가 나홀로족이라 하는데 나의 개인적인 경험으로는 20%가 된다는 것을 믿을 수가 없다. 정확하지는 않겠지만 내 경험으로는 5%도 훨씬 못 될 것 같다. 독자들이 크루즈 여행을 하게 되면 곧 알게 되겠지만, 내가 볼 때는 나홀로족 크루즈 여행객의 95% 이상은 여자들이다. 홀로 크루즈 여행을 온 남자 승객을 내가 개인적으로 만난 경우는 지난 40년 동안 단 네 명뿐이었다.

왜 남자들은 홀로 크루즈 여행을 오지 않을까? 정확한 이유는 모르겠지만, 남자들은 자유여행은 홀로 하는 경우가 많지만, 단체여행이나 크루즈 여행을 홀로 하는 경우는 극히 드물다. 사회심리학자들이 이에 대해서 어떻게 분석하고 설명하는지 궁금하다.

Sea day 어느 날 점심 식사를 하려고 dining room으로 갔다. 나는 다른 승객들과 함께 테이블에 앉아 서로 소개하고 점심을 주문하기 시작했다. 이 중에 한 분이 동양 여자인데 홀로 크루즈 여행을 오신 분이었다. 이름이 Nancy라고 했다. 미국 캘리포니아주에 살고 있는데 홀로 크루즈 여행을 자주 한다고 하며, 현재 크루즈가 끝나면 3주 동안 UK(United Kingdom: England, Northern Ireland, Scotland, Wales)을 혼자서 자유여행을 한 후 미국으로 돌아갈 예정이라고 한다.

여자가 혼자서 자유여행을 한다는 말을 듣자, 나는 신변안전이 걱정돼서 "혼자 여행하는데 신변안전에 문제가 없을까요?" 하고 물었더니, "내 나이가 60인데, 60살 된 여자에게 관심이 있는 남자가 어디 있겠어요?"라고 웃으면서 대답한다. 남녀관계에 나이가 아무 상관이 없다고 믿고 있는 나는 단체여행이 아닌 자유여행을 여자가 혼자 한다는 말을 듣고 신변에 대한 걱정을 잠시라도 하지 않을 수가 없었다. 홀로 여행을 선호하고 추구하는 여행객이 있다는 것을 잘 알고 있으며, "나 홀로 여행객"의 개인적인 뜻을 존중하지만, 낯선 외지를 홀로 여행할 때는 신변안전이 제일 우선이다.

그 후 Nancy와는 두 번을 더 dining room에서 식사를 같이했다. Nancy는 1970년대 말에 그 당시 월남에서 "boat people"로 미국 땅에 도착해 몇 년 후 공과대학을 졸업하고 20대에 중국계 미국인을 만나 결혼을 해서 딸 하나를 낳고 세 식구가 행복하게 살고 있었다. 딸이 미 동부에서 대학에 재학 중이었던 어느 날 평소에 건강상 아무런 문제가 없이 활동적이고 건강했던 남편이 주말에 잔디를 깎고 난 후 거실에 앉아 시원한 물 한 잔을 마시면서 갑자기 쓰러져 사망해 버린 것이었다. 순식간에 일어난 청천벽력 같은 사건이었다. 그때 Nancy는 53세, 남편의 나이는 54세의 젊은 나이였고, 충격에 빠져 혼돈 속에서 정신을 잃고 살다가 깨어나 보니 4년이란 세월이 흘러가 버렸다고 한다. 월남에서 태어나서 미국에 올 때까지 죽음의 고비를 몇 번을 넘겼는데 이렇게 무너질 수 없다는 생각이 들어, 조기 퇴직을 한 후 집을 팔고, 지난 3년을 주로 크루즈 여행을 하고 있다면서, 상처가 깊은 자기 마음에 여행보다 더 좋은 치유는 없다고 했다.

　눈물을 흘리지 않고는 들을 수가 없는 한 여인의 가슴 아픈 일생을 크루즈 배 위에서 본인한테서 직접 들을 수 있다는 것도 크루즈 여행이 주는 귀중한 특권이라는 생각이 든다.

　몇 년 전, 내가 항행한 크루즈 배가 기항지인 포르토(Porto, Portugal) 항구에 정박하고 크루즈 승객들은 포르토 지역을 관광하기 위해 줄을 지어 분주히 하선하기 시작했다. 평소에 크루즈 dining room 에서 낯이 익었던 동양 여자를 만나 이야기를 해보니 관광하려고 했던 목적지들이 똑같아서 같이 다니기로 했다. 우리는 서로 정식으로 소개를 했다. 이름은 Rachael이고 캐나다 밴쿠버(Vancouver, Canada) 에서 왔다고 한다. Rachael은 휴대전화 로밍을 해왔고, 나는 로밍을 안 했기 때문에 종일 포르토 지역 관광지를 찾아다니며 구경할 때 Rachael의 덕을 좀 봤다.

과거에 밴쿠버는 여러 번 방문했기 때문에 밴쿠버 이야기를 하면서 계속해서 서로 간에 대화가 이어졌다. Rachael은 20살 때 홍콩에서 미국으로 유학을 왔으며, 미국에서 대학을 졸업하고 대학원 공부를 하려 밴쿠버로 갔다는 것이다. 밴쿠버에서 직장생활을 하면서 중국계 2세를 만나 결혼을 했으며 자녀는 없고, 남편이 지병으로 오랫동안 투병을 하다 6년 전에 세상을 떠나고 말았다고 한다. 60세가 되자 일생을 뒤돌아보며, 남은 생을 여행하면서 즐기겠다는 결심을 하고, 퇴직과 함께 살고 있던 집도 모두 정리를 하고 지난 4년 동안 크루즈와 자유여행을 하면서 즐기고 있다고 한다. 친척도 없는 외국 땅에서 자녀도 없이 남편과 사별하고 혼자 산다는 것이 쉽지가 않을 텐데, 매우 짠하다는 생각이 들었다. 크루즈에서 만난 Nancy와 Rachael에게 행복하고 힘내라고 열렬한 응원을 보낸다.

사교춤 강사, Sonny와 David

2022년에 34박 35일을 항행하는 크루즈를 탔었다. 비교적 긴 기간이기 때문에 21일이나 되는 sea day 일정에 사교춤(ballroom dancing) 강습이 포함되었다.

춤 강습은 sea day에 45분~1시간 정도였으며 강사는 두 분이었다. 10~15년 전엔 춤 강습에는 남녀가 꼭 짝을 지어 오는 것으로 되었었지만, 최근에는 분위기가 달랐다. 나홀로족도 몇 명 있었다. 강사이신 Sonny와 David은 60세쯤 되는 미국인 부부인데 bolero, swing, cha-cha, waltz, salsa, rumba dance 등의 사교춤을 가르쳐 주셨다. Sonny와 David의 사교춤에 대한 열정은 대단했으며 우리 모두를 사교춤을 사랑하는 춤꾼으로 만들어 버렸다. 무슨 일을 하든 열정적으로 자부심을 갖고 즐기면서 하면 능률이 오르고 좋은 결과를 가져올 수 있다는 모범을 보여주는 분들이다.

두 강사는 5년 전 사랑하는 가족의 갑작스러운 사망으로부터 받은 충격으로 삶에 허무함을 느끼고 인생의 진로를 바꾸기로 결정했다고 한다. 부인 Sonny는 플로리다주에서 심장병 전문의사

(cardiologist)였고, 남편 David는 미군 장교였다. 두 부부는 사교춤을 무척 좋아하고 여행을 좋아했기 때문에 춤과 여행을 동시에 할 수 있는 크루즈 배의 사교춤 강사로 취직한 것이다. 현역에 재직하면서 전혀 다른 분야로 직업을 조(調)바꿈한 사람들을 몇 명 알고 있지만, Sonny와 David처럼 과격한 조(調)바꿈을 한 사람은 찾기 어려울 것 같다. 미국에서도 수입이 높고 사회적으로도 존경을 받는 심장병 전문의사가 사교춤 강사로 직업을 바꾼다는 것은 대한민국 판사가 현직을 그만두고 북카페 사장님이 되는 것과 비슷하다고 하겠다. 춤 강사님들은 만날 때마다 편안하고 따뜻한 미소에 행복이 가득한 표정이었다. Sonny와 David를 통해서 사람은 자기가 하고픈 것을 추구하는 것이 행복의 지름길이 될 수 있다는 것을 느끼게 되는 것 같았다. 크루즈 여행을 하면서 사교춤도 배우고, 인간은 서로에게 좋은 도움이 될 수 있는 역량을 갖고 있다는 것을 확인하는 기회도 됐다.

87세 크루즈맨

남미와 남극을 항행하는 크루즈 배에 몸을 실었다. 크루즈 선박은 세계 각지에서 모여든 4,000여 명의 승객들로 북적거렸다. 크루즈 승객들을 만나 친교를 맺기 제일 좋은 곳은 언제나 dining room이나 Lido buffet 식당이다. 나는 예약된 dining room에 조금 일찍 오후 6시쯤 저녁 식사를 하려 내려갔다. 바로 옆 테이블에 나보다 먼저 와서 혼자 앉아 식사하고 계신 남자분이 있었다. 앉자마자 내 소개를 했고 내가 다른 dining room에 예약했기 때문에 dining room을 다른 곳으로 옮길 때까지 2주일 동안 바로 옆에 앉아 식사하면서 우리는 친한 사이가 되었다.

이분의 이름은 John이고, 자기 나이가 그해 87세라고 한다. 컴퓨터가 처음 나온 초창기에 군대 제대 후 대학에서 컴퓨터 전공을 했고, 졸업 후 시카고에서 computer scientist로 거의 40년을 근무하다 65세에 은퇴를 하고 애리조나주(Tucson, Arizona)로 이사를 가서 살고 있다고 한다. 아주 표정이 밝고, 친절하며, 농담도 잘하는 옆집 아저씨 같은 분이었다. 직접 물어볼 수는 없었고, 87세 되는 분이

홀로 크루즈 여행을 오셨기 때문에 아마도 상처(喪妻)를 했을 거라 생각만 하고 있었다.

어느 날 저녁 식사를 하면서, "혼자서 크루즈를 다니시는군요." 라고 말을 건넸다. 잠시 숨을 내쉬더니, 5년 전에 부인이 암으로 세상을 떠났고, 슬픔과 외로움을 잊기 위해 5년 동안 계속 크루즈 여행을 한다고 했다. 곧이어서 John은 "내 부인과 나에게 무척 사랑하는 아들이 하나 있었습니다. 내 아들은 자랑스러운 미 공군 전투기 조종사였는데 20년 전 공군에 복무 중 우울증에 시달리다 그만 자살하고 말았어요."라고 말했다. 아들의 죽음을 말하면서 그렇게도 명랑하고 밝은 John의 눈시울은 순간에 빨갛게 변하고 입술을 부들부들 떨면서 눈물을 흘렸다.

"부모가 죽으면 땅에 묻고, 자식이 죽으면 가슴에 묻는다."라는 우리말이 순간적으로 머릿속에 떠올랐다. 부인이 살아 있을 때는 아들을 잃어버린 슬픔과 가슴 아픔을 부인과 함께 나눌 수가 있었지만, 부인이 떠나 버린 후에는 그럴만한 사람이 없어 너무 힘들다는 것이었다. 자식을 잃어버린 부모의 아픔을 John을 통해서 조금이나마 이해를 할 수 있을 것 같았다.

남미와 남극 크루즈가 부에노스아이레스에서 끝나면, John은 애리조나에 있는 집에 잠시 들러, 짐을 새로 챙기고 1주일 후에 시드니(Sydney, Australia)로 가서 40일간 남태평양을 항행하는 크루즈에 승선할 계획이라고 했다.

얼마나 크루즈를 즐기고 크루즈에 매혹이 돼버렸으면, John의 이메일 주소가 "cruise-man-john@xxx.com"이겠는가? 남태평양을 크루즈 하며 기항지인 타히티(Tahiti)섬에서 John이 보내준 이메일을 받았다. 우리는 그간 이메일을 수차례 교환하고 있다. 지금도 John은 크루즈를 즐기면서 지구 어디에서인지 항행을 하고 있다. 나이를 믿기 어려울 정도로 체력이 강직했으며, 대한민국의 씩씩하고 용감한 해병대원을 연상케 했다. 현재 나이가 90세가 된 분이 젊은이도 감당하기 어려운 크루즈 여행과 자유여행의 벅찬 일정을 아무런 불편을 느끼지 않고 소화하면서 세계를 누비고 다닌다는 것을 믿을 수가 없고 부럽기까지 했다.

이 책을 집필하고 있는데 아침에 John으로부터 이메일이 왔다. 5개월 후에 로마에서 마이애미까지 4주일간의 크루즈 예약을 했다는 것이다. 현재 90세인데, 혼자 로마까지 비행기를 타고 가서 크루즈 배에 승선하고 4주 후에 마이애미에 도착하면 애리조나의 자기 집까지 혼자 귀가해야 한다. 나도 믿을 수가 없다. 내가 90세에 이럴 수가 있을까?

지금까지 언급한 크루즈에서 만난 사람들은 나에게 이루 말할 수 없이 소중하고 귀한 존재들이다. 인생에 대해서 많은 교훈을 그들의 "사연"을 통해서 배웠다. 크루즈에서 마주친 모든 승객은 내가 좀 더 성숙한 사람이 될 수 있도록 도움을 주신 고마운 분들이다. 나는 앞으로 계속 크루즈를 하면서 세상 구경과 인생 공부를 할 계획이다. 사람에 따라서는 도(道)를 닦으면서 자기 자신을 발견하기 위해 입산을 하지만, 나에게는 크루즈가 입산수도와 같은 것이다.

이 책을 읽어주신 독자 여러분께 깊은 감사를 드린다. 크루즈 여행은 망망대해 바다를 항행하는 여행이기 때문에 육지 여행과는 다른 면이 많다. 맛과 느낌이 완전히 다르다. 크루즈의 경험이 없는 독자들이나 경험이 충분치 못한 독자들을 위해서 크루즈 여행의 이모저모를 예약에서부터 크루즈 check-in, 승선 절차, 크루즈 종업원들과의 관계, 크루즈에서의 각종 행사, 기항지 여행, 크루즈에서의 예의와 교양을 서술했다. 조금이나마 도움이 되길 바란다.

자유여행과 육지 단체관광에 비해 크루즈 여행을 하는 한국 여행객들은 그다지 많지 않다. 단체관광에 비하면 아주 미미한 편이다. 지난 수년 동안 중국에는 크루즈 바람이 한창 거세게 불고 있으며, 중국인 크루즈 승객은 10년 만에 20배 이상이 증가했다고 알려졌다. 한국인 승객수에는 큰 변화가 없었다. 가장 큰 이유는 한국 관광객들이 크루즈 여행에 대해 약간의 심리적인 부담감을 느끼는 것으로 알려졌다. 이 책이 독자들의 심리적인 부담감을 한순간에 없애 주고, 중국에 못지않은 크루즈 바람이 한국 관광객들에게도 불어오는 원동력이 되길 바란다.

　하루 빨리 우리 한국인도 크루즈 여행의 매력에 빠져 크루즈의 멋과 맛을 마음껏 즐기는 기회가 있기를 진심으로 바란다.

환상을 현실로 바꾸는
크루즈 여행의 매력

초판 1쇄   2024년 9월 20일

지은이   김지수
발행인   김재홍
교정/교열   김혜린
마케팅   이연실
디자인   박효은

발행처   도서출판지식공감
등록번호   제2019-000164호
주소   서울특별시 영등포구 경인로82길 3-4 센터플러스 1117호(문래동1가)
전화   02-3141-2700
팩스   02-322-3089
홈페이지   www.bookdaum.com
이메일   jisikwon@naver.com

가격   20,000원
ISBN   979-11-5622-893-6   03980